木竹建筑与人居环境

宋莎莎　姚利宏　费本华　编著

中国林业出版社
China Forestry Publishing House

图书在版编目（CIP）数据

木竹建筑与人居环境 / 宋莎莎，姚利宏，费本华编著. —北京：
中国林业出版社，2022.10（2023.7重印）

ISBN 978-7-5219-1813-7

Ⅰ.①木… Ⅱ.①宋…②姚…③费… Ⅲ.①木结构–建筑设计
②竹结构–建筑设计 Ⅳ.①TU366

中国版本图书馆CIP数据核字（2022）第153356号

策划编辑：杜 娟
责任编辑：杜 娟 李 鹏

出版发行：中国林业出版社
　　　　　（100009，北京市西城区刘海胡同7号，电话83143553）
网址：www.forestry.gov.cn/lycb.html
印刷：北京中科印刷有限公司
版次：2022年10月第1版
印次：2023年7月第2次
开本：889mm×1194mm 1/16
印张：8.25
字数：235千字
定价：88.00元

前言

近年来，随着我国建设步伐的加快和人们生活水平的提高，以及我国低碳经济、可持续发展的要求，现代木竹结构建筑得到了一定的发展。木竹结构建筑具有节能、环保等优点，在新工艺和新理念的支持下，木竹材料以其独特的方式诠释着现代建筑，展现出它特有的自然魅力。

木竹结构建筑有着独特的文化背景，是传统建筑文化中的重要元素，以其优良的环境特性一直备受人们喜爱，从原材料采伐、加工制造、现场安装，到消费者使用维护、拆除直至最后的回收再利用，都符合可持续、绿色、生态、节能的建筑要求，能够顺应环境的人居形态。木竹结构建筑是一种综合的空间环境，是以人为中心的生态系统，是人们行为方式和心理反应的载体，它既包括物理环境，也包括心理生理环境。所以，综合自然科学和人文科学来阐述和评价木竹结构建筑所营造的人居环境的特性和意义，能够使这种绿色生态建筑更加适合人类居住。

木竹结构建筑能够充分体现人与自然、建筑与环境的融合，并形成自然环境系统与建筑环境系统之间的动态交换。我们要跟上时代的步伐，开创符合中国特色的绿色、安全、舒适、健康、永续居住的建筑形态和建筑环境。发展木竹结构建筑能够充分利用木材资源、发挥木材的环境友好性、促进木材产业升级，从而节约资源、加强环保，架构好人与自然和谐共生的桥梁。

本书从健康人居环境营造的角度，以木竹建筑为研究对象，回顾了木竹建筑的基本内容，阐述了建筑构造，探讨了木竹结构建筑人居环境、木竹结构建筑居适环境特征、木竹结构建筑室内环境、木竹结构建筑室外环境、木竹结构建筑与康养，并对相应的居住环境进行了综合评价，系统地对木竹结构建筑的人居环境进行了研究（由于竹结构建筑居室环境的研究较少，大部分研究案例来源于木结构建筑）。希望为今后木竹结构建筑人居环境的产品设计以及应用提供高效利用的理论支撑和参考依据。

全书由宋莎莎（北京林业大学）、姚利宏（内蒙古农业大学）、费本华（国际竹藤中心）编著，参与本书编写的人员有王雪花（南京林业大学）、戴璐（北京林业大学）、武玥祺（内蒙古农业大学）、李源河（内蒙古农业大学）、郭宇（内蒙古农业大学）、吴春锦（北京林业大学）、奂圣鑫（北京林业大学）。

由于作者水平有限，书中不妥之处在所难免，敬请读者批评指正。

宋莎莎　姚利宏　费本华

2022 年 8 月

目录

前　言

1　木竹结构建筑概况 ……………………………………………………… 1
　　1.1　中国传统木结构建筑体系 ………………………………………… 1
　　1.2　木结构建筑概况 …………………………………………………… 4
　　1.3　竹结构建筑概况 …………………………………………………… 17

2　木竹结构建筑与人居环境 …………………………………………… 28
　　2.1　建筑与环境 ………………………………………………………… 28
　　2.2　人居环境及其构成 ………………………………………………… 30
　　2.3　木竹结构建筑与现代人居环境 …………………………………… 31

3　木竹结构建筑居适环境特征 ………………………………………… 35
　　3.1　心理环境 …………………………………………………………… 35
　　3.2　感觉特性 …………………………………………………………… 39
　　3.3　感觉与空间尺度 …………………………………………………… 46
　　3.4　行为特征 …………………………………………………………… 49

4　木竹结构建筑室内环境 ……………………………………………… 54
　　4.1　人体与环境 ………………………………………………………… 54
　　4.2　室内声、光、热环境 ……………………………………………… 60
　　4.3　室内色彩环境 ……………………………………………………… 64
　　4.4　室内空气品质 ……………………………………………………… 69

5　木竹结构建筑室外环境 ……………………………………………… 73
　　5.1　室外自然环境 ……………………………………………………… 73
　　5.2　室外人造环境 ……………………………………………………… 86

6　木竹结构建筑居适环境综合评价 …………………………………… 92
　　6.1　环境影响 …………………………………………………………… 92
　　6.2　环境评价 …………………………………………………………… 93

6.3　研究案例 ·· 96

6.4　木竹结构建筑的生态性和可持续发展 ····································· 107

7　木竹结构建筑与康养 ··· 108

7.1　森林康养 ··· 108

7.2　木竹结构建筑在森林康养中的应用 ··· 112

参考文献·· 119

1

木竹结构建筑概况

建筑活动是人类特有的现象，是物质技术产生和发展的结果。建造建筑的目的在于为人们提供从事各种活动的场所和环境。总结人类的木竹结构建筑活动经验，可以归纳出其构成要素有三个方面：即建筑功能、建筑技术和建筑形象。

建筑功能是决定建筑设计的第一要素，分为基本功能和使用功能。木结构建筑最基本的功能，也是人们对其最基本的要求，即具有保温、隔热、隔声、防风、防雨、防雪、防火等功能。其次，人们是为了一定目的、为了满足某种使用需求而建造木结构建筑，因此它具有不同的、各具特点的要求，即木结构建筑的使用功能。例如，木结构住宅是人们为了居住与生活而建造，木结构厂房是人们为了在其中生产某些产品而建造。

建筑技术是指建造木结构建筑的手段，包括木材等建筑材料与木质制品的技术、结构技术、施工技术、设备技术等先进技术。该要素对建筑功能起促进和发展作用。木结构建筑不可能脱离技术而存在，其中材料是物质基础，结构是构成建筑空间的骨架，施工是实现建筑生产的过程和方法，设备是改善建筑环境的技术条件。

建筑形象是由先进技术和材料构成的，并且要求和环境相适应，与生活空间有机结合，表现出与活动性质密切联系的性格，从而反映出社会的生活面貌和时代精神。建筑所服务的对象是人，而且是属于社会的人。所以它们不仅要满足人们物质上的要求，而且要满足人们精神上的要求。木竹材具有可再生性、无污染性、节能环保和环境友好的优势，利用木竹材建造的木竹结构建筑不仅能缓解当前社会存在的环境恶化、温室效应等压力，还能唤起人们追求自然、回归自然的本性（费本华 等，2011）。

1.1 中国传统木结构建筑体系

1.1.1 建筑构成

人们在谈论中国木结构建筑艺术和构成时，常以建筑的材料作为切入点，这样的看法虽然出乎人意料，但却符合建筑的构成。建筑是由建筑材料构成的各式各样建筑构件的再组合。台基、木柱、斗拱、砖墙、各个样式的屋顶，这些构件在建筑师的精巧组合下构成建筑的整体，呈现于世人面前。建筑材料的质感、纹理、色彩是构成建筑形象的美学要素（图 1-1~ 图 1-3）。

图1-1　斗拱

图1-2　木结构中的柱

图1-3　木结构建筑中的屋顶

建筑材料组成的构件在力学承载下所呈现出的结构美以及构件穿插交替下产生的构造美，是建筑美学的一部分。更为重要的是，材料也是构成整个建筑内部和外部的要素，它是建筑空间和形体的载体。建筑的形体由点、线、面、体按照空间的形式美法则进行有机组合。体量是形体的一个重要因素，巨大的体量是建筑不同于其他艺术形式的重要特征之一。传统木结构建筑按照体量关系分为单体建筑和群体建筑。每一项建筑的计划都是依照一个社会构成单位的需要而产生，建筑的平面构成是满足计划要求而产生的具体安排。从古至今，社会的发展和进步必然使得房屋建筑的规模和内容亦发生变化，体量从小到大，功能从简单到复杂。中国古典建筑的扩大，不外乎两种形式，一是"体量"增大，二是"数量"增加，这也是单体建筑和群体建筑划分的由来。由于中国的古典建筑是以"数量"作为建筑规模的基础，所以单体建筑在面积增加到一定限度后便停止了。

就单体建筑而言，平面构成以"间"为单位。现存最大单体木结构建筑是故宫的太和殿，十一开间，平面的长宽比恰好为9∶5，"九五"恰恰也是帝王之数。从建筑功能来看，太和殿作为故宫中最为重要的宫殿，为凸显它的建筑等级，太和殿在建造时采用"须弥座"作为台基,屋顶样式使用的重檐"庑殿"更是古典建筑中的最高等级。古人计数，"九"为最大，用于建筑等级最高的屋顶，四条垂脊上一般会用九个瑞兽，而太和殿作为帝王议政居住的地方，四条垂脊使用了十个瑞兽，天下无二，除了象征着皇权的至高无上外，大概也意味着只有皇帝才配享受到"十全十美"的待遇。中国木构架单体建筑的特点就其构成而言，分别是简明、真实。"简明"指的是建筑的

平面结构与布置简洁明确，"真实"所指的是木构架建筑的结构真实性，柱子等结构性部件暴露可见。

建筑的特征受气候条件与社会条件的影响与支配，传统木结构群体建筑布局构成的灵魂是庭院。中国是一个地域辽阔的多民族国家，从南到北，从东到西，由于气候和地形条件的不同，庭院的大小、形式也存在着差异性。例如北方的住宅有着开阔的前院，为的是冬天有充足的阳光。而在南方，为了减少夏天的暴晒，庭院会建造得较小，形成"天井"，这样做还可以增加室内的通风效果。庭院的组成形式因围合的方式不同而产生细微的区别。总体而言，布局上沿着一条纵深路线，对称或不对称地布置一连串形状与大小不同的院落和建筑，烘托出种种给人不同情感感受和环境氛围的空间，是中国木结构建筑群所秉持的艺术手法。

空间的形状、大小、方向、开敞或者封闭、明亮或黑暗，都会对人的情绪产生直接影响。宽阔高大而明亮的大厅会让人觉得开朗舒畅；低矮、昏暗的大厅会让人觉得压抑沉闷，这些都表现了建筑空间构成的艺术感染力。将不同类型的空间按照艺术构思串联起来相互交融，加上对建筑的不同处理，使行进在其中的人产生不同的心理情绪变化。所有的这些影响都是建筑师通过建筑材料和建筑结构的结合、共同作用创造出来的。

中国从古至今很多建筑材料都是以木材为原材料，世界上曾经出现过的七大建筑体系，只有中国传统建筑以木结构为主，剩下的建筑体系虽然也有使用木材作为建筑材料，但却是以砖石结构为主。由于木材相比石材质量较轻，加工容易，加上过去森林地区广袤，取材便捷，几千年来中国建筑长期采用木结

构。从结构上看，木结构建筑主要分成抬梁式和穿斗式（图1-4、图1-5）。抬梁式是立柱上搁置梁，梁头上搁置檩条，梁上用矮柱支起短的梁，像这样反反复复层叠，当柱上采用斗拱时，梁就搁置在斗拱上。这样的结构拥有更大的跨度空间，所以应用在规模较大的单体建筑上，如宫殿或者庙宇。而穿斗式结构是用穿枋把柱子串联起来，形成一榀榀的屋架，檩条直接搁置在柱上，再沿着檩条的方向用斗枋把柱串联起来形成一个整体框架。因建筑构件檩和柱密而细，结构上更为轻便，穿斗式结构更多地用于民间规模较小的建筑。也有部分地区的民间建筑采用两者的混合式，例如皖南地区，建筑中间部分采用穿斗式，两边的山墙采用抬梁式。

中国古代的木结构建筑结构相对今天而言比较

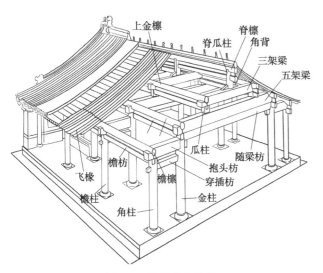

图1-4　抬梁式木构架

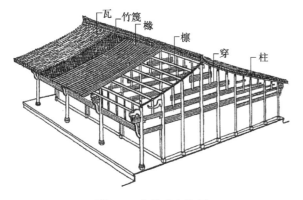

图1-5　穿斗式木构架

（引自刘敦桢《中国古代建筑史》）

简单，21世纪的现代木结构建筑经过无数次的创新与改进已趋于成型，对各种地震和台风等灾难的破坏也有了良好的抵抗能力。放眼未来，我们相信木结构在建筑中的应用会更加广泛。

1.1.2　建筑形体

中国木结构建筑体系的构件多样，在结构和构造组成上的复杂和精微是西方砖石结构建筑所无法相提并论的，这也恰恰体现了中国木结构建筑师的聪明才智。受建筑材料尺度和力学性能的限制，相比砖石结构建筑，木构单体建筑的体量不能太大，建筑形体不能太过复杂。为了使建筑的造型多样化，中国木结构建筑的屋顶在造型上起到了很大的作用。从文字来看，"屋"字最初的意思是上盖、屋盖，后来人们以它来意指整个房屋，由此可见屋顶在建筑中的重要性。木结构建筑从立面看，可分为三个部分：台基、墙柱构架、屋顶。就建筑外观来说，屋顶的设计是三者中最为重要的部分。屋顶的设计之所以被视为建筑中最为重要的部分，是因为屋顶设计可以加强建筑的体量感；另外，从外形上看，屋顶位于整个建筑物中最高的位置，从任何角度去观察，它都是整个建筑中的焦点。木结构建筑屋顶的常见形式有庑殿、歇山、攒尖、硬山、悬山五种。其中前三种是皇家和宗教建筑所特有，在形式上可以做成重檐，为的是加强整个建筑气势。由以上这五种常见形式又发展和演变出多种屋顶形式。木结构建筑屋顶还可以分为正式与杂式。凡是平面投影为长方形，屋顶为硬山、悬山、歇山、庑殿顶的建筑为正式建筑，其他形式的统称杂式建筑。中国木结构建筑的屋面通常是凹曲面，即屋顶从上至下不是平直的，中部微凹。庑殿、歇山、攒尖这三种形式的屋顶，屋角都呈现出上翘状，为的是视觉上减弱屋顶沉重感，再加上屋顶在斗拱的力学支撑下，屋檐延伸加长，形态轻扬而富有韵味，木结构建筑被冠以"会飞的建筑"（图1-6、图1-7）。

中国古建筑以木结构作为其主体，皆因古人深受儒家思想的影响，更加注重内在精神的不朽，对于"身外之物"总是抱着不追求永恒的现实态度，这当中也包括了对建筑的建造观念。儒家哲学主张"节用

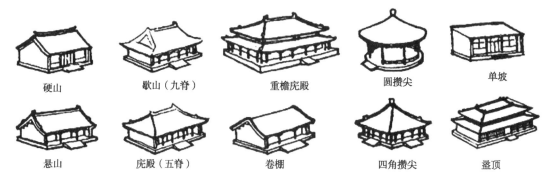

硬山　　歇山（九脊）　　重檐庑殿　　圆攒尖　　单坡

悬山　　庑殿（五脊）　　卷棚　　四角攒尖　　盝顶

图 1-6　传统建筑屋顶形式

图 1-7　北京故宫

而爱人，使民以时""罕兴力役，无夺农时"的观念，以及古人追求温柔敦厚的审美趣味，都与木架建筑在建造之初的选材有着重要关系。

中国木结构建筑体系屹立在世界建筑之林几千年，有着不同于其他建筑体系的独特性和唯一性。着眼于它的建造法，存在着如等级观念、宗法观念和某些迷信观念等这些时代元素，但也有着大量可以继承的优秀遗产：注重整体的观念、人与自然融合的观念、重视建筑与地域文化的结合、建筑的群体布局、外部空间与环境艺术的独特成就、装饰的人文性等，也正是因为这些元素构成了中国传统建筑结构的精妙与意境的深远，突显在世界之巅，甚至远超某些现代建筑（杜晓坤，2016）。

1.2　木结构建筑概况

1.2.1　发展现状

木材在建筑中的应用有着悠久的历史，在我国最初的人类社会，最古老原始的建筑就是用木材构筑而成。我国木结构建筑历史悠久，迄今为止很多

木结构已存在了数千年，是中华文明的重要组成部分。早在旧石器时代晚期，人们为满足最基本的住、行及生产活动需要，已经开始"掘土为穴"和"构木为巢"的原始建造。浙江余姚河姆渡和西安半坡遗址中留存典型的干栏式木结构房屋和木构架支承屋顶的半穴居式建筑，表明古代木结构建造技术已达到较高水平。至战国时期，木结构在此基础上不断演化改进，逐渐形成具有中国特色并沿用至今的梁柱式构架和穿斗式构架两类主要体系。辽宋时期，已编制相对完善的木结构建筑规范，公元 1103 年李诫编著《营造法式》后，遗留下来的建筑实物随之渐多。如同时期建成的山西应县佛宫寺释迦塔，是世界上现存最古老最高的纯木结构木塔（图 1-8）；

图 1-8　山西应县佛宫寺释迦塔

北宋的宁波保国寺大殿，是最早采用拼合构件的木结构建筑。至明清时期，木结构建筑更加精美，除满足居住功能外，还兼具美学特性。如最宏大的古建筑群紫禁城，现存规模最大的明十三陵长陵祾恩殿，以及构思巧妙、大胆的山西大同恒山悬空寺等建筑。

现存的古建筑文化遗产印证了我国木结构建筑的辉煌过往，但是无奈它的发展坎坷曲折。在时代的变迁之下，它经历发展、兴盛、辉煌，并逐渐走入低谷。在近代历史进程上断层 20 年之后，伴随中华人民共和国的发展建设、现代木结构体系的传入及全球生态环境面临压力，木结构的发展又重新恢复生机。

（1）现代木结构的发展状况

①现代主义的短暂发展（1949—1952 年）。中华人民共和国成立之初，百废待兴，这一时期的建设活动主要集中在修补过去战争中遭到破坏的建筑，并兴建了一些急需的建筑。受勒·柯布西耶的光辉城市、高层集合住宅理论、格罗皮厄斯的"行列式集合住宅"理论以及 1933 年《雅典宪章》中的功能城市组织结构理论等西方现代主义建筑和城市规划理论的影响，我国建设了大量投资较少的"工人新村"，这些新村住宅区别于中国传统木结构建筑，具有现代主义建筑的特点，例如曹杨新村为二层联列式砖木结构建筑。此外，我国还建设了少量文教医疗、商业和观演建筑，都不再采用单纯的传统木结构，例如同济大学的文远楼采用了混凝土框架结构。

②民族主义思想：传统复兴式建筑（1952—1954 年）。20 世纪 30 年代苏联主张反对以"构成主义"为代表的现代主义思想，宣扬民族形式的复古建筑，并影响了中国，使中华人民共和国成立初期的现代主义建筑发展受到了极大限制。这一时期的建筑以大屋顶作为"社会主义内容，民族形式"的典型代表，例如重庆市人民大礼堂穹顶钢结构之上的木屋盖系统，以 36 榀木屋架为主承重结构，木屋架的竖腹杆下端通过栓锚连接在穹顶钢结构节点上。这类民族形式的建筑巧妙地运用了现代建筑材料及技术，解决了传统木结构建筑跨度受限的问题，顺应了当时复兴传统的建筑潮流。

③1955—1959 年的木结构建筑。由于经济条件的制约，从 1955 年开始，我国建筑开始注重经济、实用，复古建筑不再是主流，国内建筑出现简约化的倾向。两个"五年计划"期间，建设速度加快，由于木材加工简单、取材方便，砖木结构占相当大的比重，运用比例甚至达到了 46%。这种结构是以砖石作为外部承重墙，内部使用木柱承重，使用木架楼板、两坡顶木屋架，与传统木结构相比结构更加合理、技术简单，因此得到广泛的运用。

④2000 年至今木结构建筑的创新与发展。北美拥有丰富的木材资源，由于工业化生产和新材料新技术的不断发展，以加拿大等国家为代表广泛使用的现代木结构发展成为技术含量高、系统完善、符合绿色环保要求的建筑体系。随着我国经济高速发展和建筑业对可持续、工业化的追求，现代木结构在我国建筑业再次受到广泛关注。

（2）现代木结构的技术创新

工业技术的发展使木材本身的缺陷得以克服，木材在建筑中的应用形式更为广泛。人们在天然木材的基础上发明了复合木材，例如正交胶合木（CLT）。与各向异性的木材相比，CLT 在材料的主方向和次方向均具有很高的强度，能够有效阻止连接件劈裂，改善了传统木结构建筑的弱点；速生材的使用缩短了林业资源的再生产周期。使用木材作为结构材料的建筑，在建造、使用直至回收的整个过程中能耗都低于使用其他材料的建筑。地震时建筑受到的地震力与建筑重量密切相关，由于木结构相对其他结构体系的建筑物质量较轻，发生地震时作用小，房屋倒塌时对人产生的伤害也相对小。同时，现代木结构建筑采用装配式施工，工厂预制的木结构构件可进行现场组装，施工效率高、周期短、人工成本低。与其他材料比，木材纹理自然、舒适环保，具有亲和力，而且其隔热保温能力强，对室内温湿度可起到良好的调节作用，可塑造温馨舒适的空间氛围。

（3）现代木结构发展方向

后现代主义于 20 世纪 70 年代起对中国建筑文

化产生深远影响，它是现代主义建筑理论的部分修正和扩充，是现代主义在形式和艺术风格方面的一次演变。如今，材料的发展和技术的进步，更为木结构建筑响应后现代主义、反映时代建筑风格与展现作者个性提供了机会。近年来，西方现代木结构在产业化生产、设计与施工、工程木产品的研发与应用方面发展迅速。复合木材的使用解决了木结构的技术瓶颈，现代木结构建筑正朝着高层和大跨度的方向发展（蓝茜 等，2020）。

1.2.2 基本构成

1.2.2.1 木结构建筑结构类型

有别于中国传统木结构的榫卯连接，现代木结构建筑多采用金属连接件连接。按材料类型和结构体系大体可分为轻型木结构、重型木结构、木混合结构三种类型。现代木结构建筑以形式多样、造型独特、亲和力强的特点被越来越多地应用于各类实际工程中。

（1）轻型木结构

轻型木结构是由木骨架墙体、木搁栅楼盖和木屋盖组成的结构体系。轻型木结构抗风、抗震性能良好。外墙包覆的呼吸纸可帮助形成全屋气密系统，以防止空气泄露导致的室内外热交换而增大耗能以

及减少雨水侵蚀提高建筑的耐久性能。并且轻型木结构建筑使用舒适度高，可广泛用于住宅、别墅、移动木屋、公园、农房改造项目等（图1-9）。根据《多高层木结构建筑技术标准》（GB/T 51226—2017）中的规定，轻型木结构最高允许建造6层，檐口高度不超过20m。

（2）重型木结构

重型木结构是指采用工程木产品作为承重或抗侧主构件的梁柱框架或木剪力墙结构。常见的工程木产品如：层板胶合木（glued laminated timber，简称GLT）、正交胶合木（cross laminated timber，简称CLT）、层板钉接木（nail laminated timber，简称NLT），这些都是重型木结构的主要承重构件。

层板胶合木主要应用于单层、多层的木结构建筑，以及大跨度空间的木结构建筑的梁和柱（图1-10）。正交胶合木因其平面外双向相同的力学特性，广泛应用于板式结构，如剪力墙、楼面板和屋面板等。层板钉接木多用于楼面板、屋面板和墙板，定向刨花板覆盖于NLT板上，并用钢钉可靠连接之后可提供平面内刚度和横向隔膜的抗剪能力。NLT板也可作为剪力墙或隔墙使用。随着木结构技术和材料的发展，新型的木质结构复合材也不断涌现，如单板层积胶合木（laminated veneer lumber，简称LVL）、平行木片胶合木（parallel strand lumber，简称PSL）、层

图1-9 轻型木结构民居

图 1-10 常见的胶合木结构

叠木片胶合木（laminated strand lumber，简称 LSL）。

工程木材料不受天然木材的尺寸限制，能够制作出满足建筑和结构尺寸要求的构件，在构件外观上又能保持木材优美的特性。胶合木构件可在工厂内生产。工业化生产可提高构件加工精度，更好地保证产品质量。其结构构件可以在工厂预制，再运输到现场进行组装。采用工程木材料的重型木结构是符合工业化生产理念的装配式木结构。胶合木结构可制作大跨度的直梁或弧梁，减少中柱数量，满足室内大空间的设计要求，适用于教堂、体育场馆、娱乐设施等公共建筑（图 1-11）。

目前我国胶合木预制构件主要以预制胶合木梁、柱和正交胶合木楼面板、屋面板为主。此外，工程木构件如正交胶合木板的木材用量是轻木搁栅墙板的 3~5 倍，能更好地发挥木材的固碳作用，使用来自可持续管理森林的木材制造的重木构件既符合国家大力推进装配式建筑的政策，又符合"绿水青山就是金山银山"的环保理念。

（3）木混合结构

木混合结构主要是指木结构与混凝土或钢结构共同承重或抗侧的结构体系。此类结构在加拿大和北欧非常普遍，在国内也有诸多类似的应用。混凝土木混合结构是一种混合承重的结构形式。

木混合结构通常以混凝土构件为主要承重部分，木结构为次要承重，其结构形式包括上下混合混凝土木结构和混凝土核心筒木结构等。如商场、餐厅厨房、车库等需大空间或对防火有较高要求的建筑物，可采用上下混合形式的木结构建筑结构，将钢筋混凝土结构用于建筑物下部，而上部则采用木结构，这种结构形式可有效地在保证建筑可靠性的基础上减轻上部自重，从而减小下部混凝土的用量。对于多高层木结构建筑，由于整体建筑结构承受的荷载增大，可采用其他材料的结构构件承受一部分荷载。例如在混凝土核心筒木结构中，核心筒周边等次要结构可采用木框架结构、木框架支撑结构等。在混凝土混合结构体系

（a）上海佘山高尔夫球场木桥　　　　　（b）列治文椭圆冬奥速滑馆

图 1-11 胶合木结构的应用

的基础上，充分利用我国发达的工业体系基础，工业化制作结构构件，以缩短建筑工期，节约人力等成本。加拿大 Brock Commons 学生公寓（图 1-12）运用木框架—混凝土核心筒的木混合结构，建造出全球首栋全木高层学生公寓楼，充分展现出使用木材建造的优势。

图 1-12　Brock Commons 学生公寓的混凝土核心筒结构

1.2.2.2　木结构建筑的主要构件

承重性梁、柱、桁架和板是木结构建筑的主要构件，这些构件组合成为木结构建筑的各个主体结构，如承重梁和楼面板可组成楼盖系统，桁架和屋面板可组成屋盖系统，柱和覆面板可组成墙体系统等（图 1-13）。

梁是木结构建筑中的主要承重性构件之一。梁的垂面承受着垂向均布或集中的静、动态荷载，其承载能力取决于梁的使用部位和结构作用、跨度、梁与梁之间的间距、支撑、连接、梁的横截面形状和尺寸以及梁材本身的性能。因此，根据材料力学，承重梁就必须具有一定的静态、动态抗弯能力、抗压能力、稳定性。其中，梁的刚度决定着楼盖的抗变形能力，梁的强度决定了楼盖结构的承载能力。同时，梁还必须具有合理的截面形状和尺寸，因为尺寸不仅与承载能力有关，还与建筑成本有关；尤其是梁的高度，直接影响了梁的抗弯能力，同时也决定了建筑物的楼层高度和成本。可以用作现代木结构建筑承重梁的木质建筑材料有矩形锯材（规格材）、集成材、单板层积材、单板条层积材、预制木质工字梁等。

柱在其纵向方向上承受建筑结构的垂向静态、动态荷载，属于材料力学中的压杆问题，因此要求柱必须具有足够的纵向抗压能力和稳定性。与梁一样，柱的力学性能取决于柱材本身的性能、柱的截面形状和尺寸以及柱的高度。

木桁架是一种用金属连接件将矩形木材连接而成的承重性框架式木构件（图 1-14）。木桁架从外形上可分为平行弦形（也叫空腹式桁架）、三角形、直角形、剪刀型和组合型五种类型，多用于木结构建筑的屋盖系统。由于屋盖系统承受着风、雨、雪的多

图 1-13　木结构梁、柱

方向静、动态荷载并影响着整个建筑物的稳定性，因此需要从材料力学和结构力学角度，对桁架材料的规格和性质、桁架形状和结构、节点和连接、桁架系统的承载能力及其稳定性等做出合理、可靠的设计，比如对主要承受轴向拉、压应力的桁架弦杆的材料性质、截面和长度、连接方式等的设计。可以用作木结构桁架的木质建筑材料有规格材、集成材、单板层积材等。

图1-14 木桁架

板材在木结构建筑中有两个作用：一是在提供建筑和使用平面的同时提供承载能力；二是仅提供建筑和使用平面且只承受一般轻载。前者用的是承重性板材，后者用的是非承重性或装饰性或遮挡性板材。承重性板材大量用于楼盖结构、屋盖结构和墙体结构，承受着均布、集中甚至还有扭转、剪切等各种静、动态荷载，比如用作楼盖的板，不仅需要承受家具等均布静载，还要承受重物、人等的动态荷载和冲击荷载。在大风、地震时还需要承受因整个建筑物的扭曲带来的扭转、剪切等荷载；因此结构建筑对承重性板材和连接有着极其严格的静、动态抗弯、抗压、抗扭、抗剪等结构力学方面的要求。与梁、柱一样，板的承载能力取决于板的材质、厚度、幅面、底面托梁、墙骨柱和木桁架的性质和间距、连接等各种因素。木结构建筑常用的承重性板材有规格材、单板层积材和大形态单元原料的碎料重组性板材。非承重性板材的木质材料则名目繁多（张宏建 等，2013）。

1.2.2.3　木结构建筑的主体结构

木结构建筑构件的组合组成了木结构建筑的各个主体结构。木结构建筑以基础、墙体、楼盖和屋盖为主体结构（图1-15）。

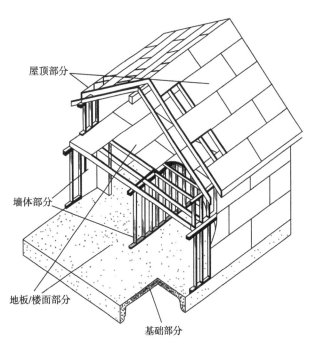

屋顶部分

墙体部分

地板/楼面部分

基础部分

图1-15 木结构建筑的主体结构

（引自《木结构建筑材料学》）

基础按其形式不同可分为带形基础、独立式基础和联合基础；按材料不同可分为砖基础、石基础、混凝土基础、毛石混凝土基础、钢筋混凝土基础等；按传力情况不同可分为刚性基础和柔性基础（费本华 等，2009）。木结构建筑的基础以钢筋混凝土为主要材料，提供作为搭建上层木结构的平台，同时承受建筑物的全部荷载并起到锚固整栋木结构建筑的作用。为了节约成本、实现可拆卸性，近年来还出现了墩型基础；为向高层建筑发展，有些木结构建筑以地下层或一层砖混高墙为基础。

木结构建筑的墙体有承重性和非承重性、规格化和专用化、部分和整体、内墙和外墙之分，一般都由墙骨框架和墙面板组成，墙骨柱间填充保温、隔音、防火材料并可预敷各种线路和管道。墙骨框架由间隔布置的墙骨柱以及顶梁板、底梁板组成，其截面尺寸和间隔密度因设计承载能力的不同而相应变化。

承重性墙体常以承重性板材为墙面板，非承重性墙体则常以水泥/石膏板、刨花/纤维板、普通刨花/纤维/胶合板、企口实木板等做墙面板。要求一些承重性墙体在承受竖向荷载的同时可承受侧向荷载，以抵抗地震、暴风等带来的水平剪力，故而又称为剪力墙。内墙为装修提供附着基体，外墙则需要用防水材料作外防水墙面。

楼盖结构有基层楼盖结构、二层及以上的楼盖结构（图1-16），其作用一方面为居住提供平面，另一方面为上层建筑的搭建提供平台。楼盖主要由楼盖搁栅和楼盖面板组成，搁栅梁之间设有剪刀撑。楼盖结构坐落在下层承重墙的顶梁板。为了减小跨度，可在下层墙顶标高处加设大梁，作为楼盖搁栅的中间支撑点。

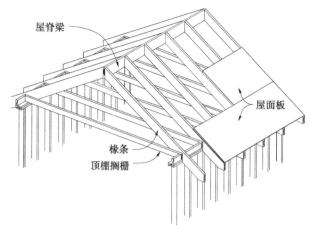

图1-17　屋盖结构

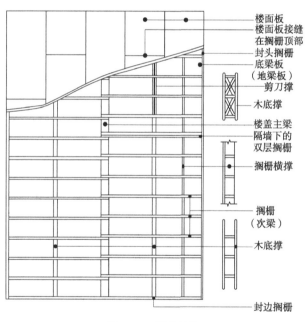

图1-16　楼盖结构

（引自《GB/T50772—2012 木结构工程施工规范》）

屋盖结构主要由屋面板、屋脊梁、椽条、顶棚搁栅或屋架、防水层、保温隔热层组成（图1-17）。屋盖结构往往坐落在承重墙体上。屋架的底面供吊顶。屋脊梁、椽条、顶棚搁栅多采用规格材，屋架常在专业工厂中预制，屋盖板常用胶合板、定向刨花板等承重性板材。

1.2.2.4　木结构建筑的连接

木结构中的节点连接至关重要，不仅关乎结构强度、刚度、延性及荷载的有效传递，还影响结构耗能性、安装的规范性、结构的经济性和美观性。现代木结构建筑的金属连接形式具有显著的效率性和规范性，螺栓连接和钉连接在现代木结构中使用最为广泛，该连接形式具有韧性好、连接紧密、制作简单、安全可靠等诸多优点。此外还能通过钢板将木构件连成整体，有效传递剪力、抵抗拔力。如有必要还能将木构件同钢构件和混凝土构件连接起来。齿板连接是轻型木结构最常见也是现在使用范围最广的连接方式，主要应用于轻型木结构中的最小组成单元木桁架节点的连接（图1-18），也可用于受拉构件的接长。如此便可根据现行设计标准对节点承载力进行量化计算，这是相对于传统木木连接跨越性的一步。此外还有许多现代连接方式如植筋与粘钢连接。现代木结构中亦有优化传统连接的木木连接形式。

随着木结构的快速发展，木结构连接件也得到越来越广泛的应用。使用较多的是轻木构件的金属连接件。这类挂件的特点是质量较轻，使用量较大，当然相对应的承载力也相对较低。根据使用位置的不同分为搁栅用的"轻型"挂件（图1-19）和梁柱用的"重型"挂件（图1-20）；根据传力机理的不同分为顶挂型和面挂型；根据使用情况的不同又衍生出偏转型、倾斜型、组合型等不同种类的特种挂件。轻型木结构

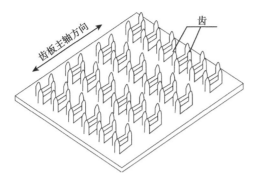

图 1-18　齿板（左）及木桁架节点连接（右）

（引自《轻型木结构节点连接方式研究》）

（a）面挂型挂件　　（b）顶挂型挂件　　（c）重型挂件　　（d）偏转型挂件　　（e）隐蔽式挂件　　（f）组合型挂件

图 1-19　轻型木结构挂件

（引自《我国木结构连接件发展与应用现状浅谈》）

（a）柱底连接件　　　　　　（b）柱底连接件　　　　　　（c）柱底连接件

（d）柱顶连接件　　　　　　（e）梁连接件　　　　　　（f）梁连接件

图 1-20　重型木结构挂件

（引自《我国木结构连接件发展与应用现状浅谈》）

用的连接件多采用钉连接。另外，根据使用环境的不同需要做一些特殊处理，在国内金属件通常做热镀锌处理。重型木结构的连接件目前多采用镀锌钢板与螺栓连接，钢连接件也多暴露于外。

上述现代木结构轻型挂件与重型挂件统称为传统金属连接件。欧美以及日本等木结构研究发达的国家和地区一直致力于研究开发新型的木结构连接技术，如近年来发展较快的多高层正交胶合木（CLT）的连接技术、隐蔽式木结构连接系统等。下面对几类新型的木结构连接件进行简要介绍。

①木螺钉连接：此类连接的优点是设计、加工、安装简单方便。缺点是与重型钢插板及螺栓连接相比承载力有限，使用场景受限，多用于一般截面尺寸的梁—梁、梁—柱等的连接（图1-21）。

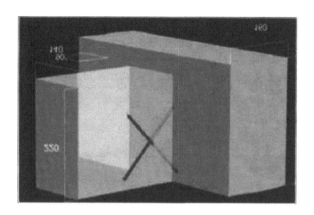

图1-21　木螺钉及其连接示意图

（引自《我国木结构连接件发展与应用现状浅谈》）

②隐藏式卡扣连接：这类连接方式的设计、安装方便且理论上可重复拆卸使用，但对加工和安装精度要求较高，成本较高（图1-22）。

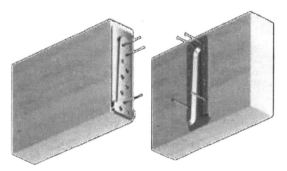

图1-22　卡扣式连接件及其连接示意图

（引自《我国木结构连接件发展与应用现状浅谈》）

③隐藏式栓杆连接：此类连接的设计、施工灵活，组合使用后承载力较大，但对加工精度要求较高，工序较繁杂（图1-23）。

图1-23　隐藏式栓杆连接及其连接示意图

（引自《我国木结构连接件发展与应用现状浅谈》）

④隐藏式可调节柱脚连接：此类连接的特点是设计、安装方便，无须进行预埋、预开孔，但承载力有限（图1-24）。

图1-24　柱脚连接件及其连接示意图

（引自《我国木结构连接件发展与应用现状浅谈》）

⑤CLT连接件：随着CLT应用的推广，相关连接件产品会有广阔的应用空间（图1-25）。

图1-25　CLT连接件

（引自《我国木结构连接件发展与应用现状浅谈》）

1.2.3　节能环保

当今，自然资源与人口数量相比已经非常有限。建筑行业作为消耗地球资源最大的行业之一，已经不得不考虑建筑材料的自然生态问题与低碳环保问题。伴随着全球气候变暖愈演愈烈，世界各国纷纷将控制温室气体排放作为应对气候危机的重要手段，如何"节能减排"成为世界性问题。在这一背景下，研究低碳环保建筑具有重要的现实意义。东南大学的李启明等认为，低碳建筑指在建筑的"全生命周期"内，以低能耗、低污染、低排放为基础，最大限度地减少温室气体排放，为人们提供具有合理舒适度的使用空间的建筑模式（李启明 等，2010）。因此，现代木结构建筑是否符合低碳环保的要求，是否属于低碳环保建筑，需要在木结构建筑的全生命周期内考虑，要从建筑的用材选择、建造过程、使用过程和再生过程探讨现代木结构建筑的低碳环保性。

现代木结构建筑是以经过加工处理的原木锯材、板材或木质人造板材、木质复合材料为主要材料，以木构件或钢构件为连接材料进行建造的现代建筑形式。探讨木结构建筑的低碳环保性能，在某种程度上就是探讨木材在建筑应用上的环保问题。木材是依靠光合作用而生成的木本植物，光能、二氧化碳和水通过叶绿素平台转化成高分子材料，聚集构成木材细胞。这些细胞构成了木材的早晚材，在赋予木材切面优美纹理和色泽的同时，使木材具备了一定的物理力学性能。在木材成长到砍伐使用的这一过程中，木材不需要像其他建筑用材那样经历冶炼、烧制，从而造成能源消耗，也不会带来环境污染。木质建材加工过程亦具有低碳环保性。木材的加工能耗较钢材和混凝土等材料低得多。在材料加工制备的过程中，钢材、混凝土和木材（以密度为 $0.50g/cm^3$ 的人工木材为例）所耗用的能源分别为 266000 MJ/m^3、4800 MJ/m^3、3210 MJ/m^3，与此对应，制备这些材料所对应的碳排放分别为 5300 kg/m^3、120 kg/m^3、100 kg/m^3。可以看出，木材在加工时比其他建筑材料耗能低，碳排放量少，是名副其实的低碳材料。混凝土的生产耗能虽然和木材相差无几，但在建筑物修建过程中，不能不考虑混凝土建筑中需大量使用钢材所带来的碳耗。木结构建筑对钢材的依赖比较低，因此与混凝土相比具有明显优势。

牧福美对 6 所木质和钢混结构住宅的室内外温湿度的变化规律进行了长时间的实测，结果表明，木结构住宅具有良好的温湿度调节性，给人以舒适的感觉（牧福美 等，2006）。近些年，专家学者也对木结构建筑及其构造的热湿情况、室内温湿度、气候影响以及现场监测等方面进行了研究（Carll et al.，1996；Daisey et al.，2003；Rose et al.，2004；Smith et al.，2006；Glass et al.，2007）。2006 年清华大学国际工程项目管理学院（IIEPM）开展了中国木结构建筑与其他结构建筑能耗和环境影响比较的研究，研究报告表明，3 种不同结构类型的示范房屋中木结构建筑在全寿命周期的能耗和环境影响均优于其他 2 种结构建筑（加拿大木业协会，2006）。2008 年哈尔滨工业大学建筑节能技术研究所开展了对轻型木结构住宅与砖混复合保温墙体结构住宅的建筑节能检测与对比研究，进一步了解了轻型木结构住宅在中国严寒地区的节能性能，并将其与其他结构类型建筑的节能效果进行了对比分析，研究报告表明，轻型木结构住宅实测采暖耗热量比砖混复合保温结构住宅节省 41.99%，折算到标准年单位采暖耗热量节省 45.40%，采暖季耗煤量节省 45.40%（加拿大木业协会，2008）。清华大学和北京工业大学也共同开展了多层多户轻型木结构建筑的全寿命周期能耗和环境影响的研究，采用建筑与系统动态模拟分析软件 DeST 以及生态指数方法对建筑物进行能耗和环境影响评价，分析了木结构、轻钢结构、混凝土结构建筑在使用阶段的能耗和全寿命周期对环境的影响，研究结果同样表明，在 11 类环境影响类别中，有 8 类在 3 种结构建筑中具有显著优势，3 种建筑物的生命周期能耗对比中，木结构建筑最小（加拿大木业协会，2009）。中国林业科学研究院对木结构住宅的热工性能开展研究（王晓欢 等，2008），采用现场热湿性能指标、传热系数监测，通过单元材料导热系数测定、红外热谱分析、数值计算等方法，证明了热工性能表现优越的木框架外墙具有良好的温度调节性能、防潮和通风功能，有利于提高室内环境舒适度、节能降耗、保护生态环境

（赵勇，2007；王晓欢 等，2010；王晓欢，2011）。进而对于轻型木结构房屋的常用材料特征以及轻型木结构住宅的性能进行了具体阐述，这对现代木结构建筑在我国的推广、应用和普及具有重要意义（孙洪亮，2007；梁恩虎，2010）。

（1）代用木质建材与低碳环保

木材节约代用不是不使用木材，而是充分利用科学技术和管理手段，经济合理地使用木材。我国人均森林面积和木材蓄积量都处于较低水平，在我国发展现代木结构建筑，更要求在木结构建筑中合理地节约木材和进行木材代用。现代木结构建筑应在建筑锯材加工过程中提高原木出材率，以实现木材节约；在木材的综合利用上充分使用集成材、木竹复合材、细木工板、纤维板、刨花板等人造板，以实现对原木的改良应用和节约木材。合理地使用木材资源不仅不会破坏环境，还会充分利用木质资源，将碳素以木质产品的形式固定下来，有利于低碳环保。大力提倡木材原态利用、优材优用、回收利用、循环利用，可最大限度地延长木材的碳封存时间。

（2）定向培育木结构建筑用材

木结构建筑的材料来源于森林，但木结构建筑的持续发展绝不能建立在对木材滥伐的基础上，要使木结构建筑得到持续发展就必须依托于林木的培育。只有通过有序地植树造林、培育木结构建筑用材，才能从根本上保护环境。虽然植树造林、育林的时间长，早期经济效益不明显，但通过周密规划、合理经营、可持续发展的措施，将会取得良好的经济效益、生态效益和社会效益。在造林时，要按照森林经营方案实施、科学种植以及间伐成熟的木材，建立边用材边植树的用材林定向培育制度，既可美化环境，又为后续使用木材打下基础。只有合理地使用木材，才能更好地保护环境。

（3）建造过程的低碳环保

木结构构件可以工厂化生产、预制，施工简单，节能环保。有研究表明，楼板面积为 $136m^2$ 的梁柱结构木住宅、钢筋混凝土结构住宅和钢骨预铸结构住宅，其建筑材料在制造过程中的碳排放量分别为

5140 kg、21814 kg、14437 kg。可以看出，在3种结构形式的住宅建筑中，木结构的综合碳排放量最低。与传统梁柱结构住宅部件的现场加工不同，部件工厂化生产已经成为现代木结构建筑的一个重要特征。现代工厂引入流水线和计算机控制中心，不仅使构件加工效率和木材利用率有所提高，亦可通过合理控制工厂中温度、湿度等条件，使具有干缩湿涨性的木质构件加工精度得到提高。经过加工的构件可以在工厂完成防火、防潮及防虫处理，部件处理后使用年限得以延长，大幅度降低材料成本。此外，工厂加工的剩余物经过回收再利用，可用于制备人造板、纸张或能源等，这些都是低碳环保的有利因素。可见现代木结构建筑的部件工厂化生产亦是低碳环保的。

（4）建筑物施工中的低碳环保

与钢筋混凝土建筑的"湿作业"相比，现代木结构建筑构件可以通过对木质构件进行批量化的预制化加工，从而为"干作业"作好准备。工厂预制的部件运送到现场后就能够直接进行安装，可避免施工现场加工构件凌乱，减少现场施工噪音及污染。如图1-26所示，设计人员利用计算机预先为每一构件设定序号，并为生产出来的每一构件编号，施工中技术人员只需按照设计图纸依次对编号部件进行组装施工即可迅速完成建筑的组装。这样可以有效缩短施工工期，降低施工过程中的各种损耗，避免对当地土壤和水资源产生不利影响。

图 1-26　使用计算机对经编号的标准构件进行组装

（引自《试论现代木结构建筑的低碳环保性能》）

（5）维修与重建的低碳环保

现代木结构建筑在防火、防震、防虫等方面都有其独特的施工工艺和良好的防护效果，但和其他建筑物一样，不能避免特殊原因，如地震、台风等对建筑的破坏，一旦遭到破坏就需要对建筑物进行维修或重建，而木结构的维护和重建要比其他结构快得多。2008年5月12日发生在我国汶川的8.0级地震，人员伤亡和财产损失非常惨重，需要对大量因地震倒塌的砖瓦结构建筑进行清理和重建，耗用了巨大的人力和资金。与此形成对比，2011年3月11日日本东京由9.0级地震引发的海啸，损毁了大量的木结构建筑，但灾后重建过程中清理废弃物和修建新建筑之迅速，让世人感到惊叹。

（6）使用过程的低碳环保

设计合理的木结构建筑经得起岁月的考验，如中国应县的佛宫寺释迦塔已经历了近千年岁月的考验。中国古代的佛殿、日本古代的庙宇以及北欧挪威19世纪的大型木结构教堂等众多木结构建筑到现在依然坚固，可见木结构的经久耐用。在强地震等自然灾害发生时，木结构建筑不会像砖瓦建筑那样瞬间坍塌。现代木结构建筑的保温、隔热和防火等性能得到改善后，其使用寿命得到了延长，因此降低了建筑物修建所需资源、能源等的消耗，其实质是低碳环保的。

（7）木结构建筑的固碳与环保

空气中以 CO_2 形式存在的碳元素，通过植物的光合作用，以固体和液体的形式存在于木材、石炭、石油等。被植物吸收的 CO_2 被封存于生长的树木中，再通过残枝败叶和枯死树木的分解，以及森林大火将碳元素以 CO_2 的形式向空气中排放，实现碳的循环和平衡。但随着现代工业发展过程中煤炭、汽油等能源的广泛开发利用，大量的 CO_2 被排放出来，破坏了地球碳元素的自然平衡。森林是陆地生态中最大的碳库，木材构成成分中50%是碳元素，一栋建筑面积为136 ㎡的木结构建筑，可以贮藏5670 kg的碳元素。大规模的木结构建筑社区相当于一座"都市

森林"，它对地球环境有相当正面的效应。有序开发、合理使用森林中的木材资源，用木材建造更耐久的房屋或家具，有助于减轻地球碳循环的不平衡。树木生长吸收 CO_2，碳被储存在树木当中，最后被锁定在木制产品里。建造木结构房屋和使用木质家具可使人居空间的木材拥有量增加，能让碳元素以固体的形式大量、长时间存在，这对二氧化碳减排、抑制全球变暖有重要的作用。根据国家循环利用计划，木结构产品使用年限期满后可以二次利用，如制备细木工板、人造板等。木材还可以作为能源燃烧，燃烧时所排放的二氧化碳量等于其生长过程中吸收的二氧化碳量，这是一个非常平衡的过程。与化石燃料相比，木材燃烧更低碳、更彻底。因此木材是最为环保的天然材料之一。

（8）现代木结构的保温隔热

现代木结构建筑在保温隔热方面较传统建筑有所改善。研究表明，寒带地区建筑物的热量大部分通过墙体散失，现代木结构建筑在墙体上使用隔热材料，从而使木结构建筑的保温隔热性能有效提升。填充式隔热法和张贴式隔热法是现代木结构建筑中常用的两种保温隔热方法。如图1-27所示，这两种方法在日本木结构建筑中运用得很普遍。在夏季，当室内温度低于室外温度时，起到隔热作用；在冬季，当室内温度高于室外温度时，起到保温的作用。此外，由于木材天然具有大量管孔，在寒冷时人体触摸木材会比其他材料感到更温暖。用木材进行建筑内部装修时，其暖色系外观也给人以温暖舒适的感受。

（9）再生过程与低碳环保

与现代混凝土建筑不足100年的理论寿命相比，木结构建筑以较长的使用寿命证实了其生态优越性。现代木结构建筑的主要材料取自可再生的森林，木结构建筑的废弃物也容易经自然界再循环而变成新的资源。木结构建筑拆除所耗费的人力、物力远远小于钢筋混凝土建筑，而且不会产生巨大的粉尘污染和噪声污染。对木结构建筑进行拆除时，无需对建筑进行爆破，也不会像拆除砖瓦建筑和混凝土建筑那样，在地底遗留下严重碱化的土壤和导致植物死亡的废

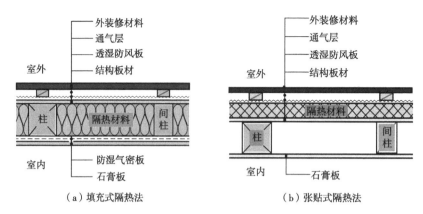

图 1-27　现代木结构建筑隔热做法示意

（引自《试论现代木结构建筑的低碳环保性能》）

弃物。从这些角度来看，现代木结构建筑的拆除过程是低碳环保的。

（10）木结构建筑用材可循环降解

现在城市中大量建筑垃圾难以循环利用甚至很难降解，多数情况下只能通过深挖填埋的方法来处理，然而这些做法可能对土壤和地下水造成直接的污染。并且城市建筑垃圾在形成过程中也会产生大量的粉尘，污染周边环境（王玉岚，2010）。木结构建筑拆解之后的废弃物仍以木料为主，除了一部分已经变质的木料可以作为能源回收，用于燃烧获得能量之外，相当一部分还可以进行设计改造，使之获得再生。木结构建筑拆解之后获得的木料，经过一定的加工和设计，可以将没有腐朽变质的木料做成木质家具供人们使用；有的木料可以回收用于制备纸浆；还有的可以用来制成工艺品或室内装饰部件等（易欣等，2012）。木材具有生物可降解性，降解后的物质可再次进入自然界循环，减少了对环境的污染，有利于生态系统的良性循环。与其他建筑相比，木结构建筑所用木材不仅在生长过程中能改善自然环境，其加工过程能耗低，废弃后可自然降解，是真正的绿色环保建筑。

（11）木结构建筑体系特点

第一，可持续性和环保性。木材是唯一可以再生的重要建材，加拿大等国家对木材从种植、砍伐到加工，都有极严格的规定。经过了防腐、防火、防虫处理的木结构建筑，在能耗、温室气体、空气和水污染以及生态资源开采方面，其环保性远优于砖混结构和钢结构，是公认的绿色建筑。

第二，设计的灵活性。木材强度很高而比重较小，可加工性强，对各种造型的表现能力是其他建筑材料望尘莫及的。这使得木结构适用于几乎所有的建筑风格、造价范围、使用功能并满足不同内外装饰的要求。它能以经济的方式添加凸墙、阳台、凹壁和其他增添情趣和魅力的设计要素，屋顶形状的设计尤为如此，使设计师、建造商在不超出项目预算的情况下，建造出满足环境和市场需求且风格独特的建筑。

第三，高效节能保温。木材微观本身的蜂窝状结构，使其具有出色的隔热性能。木结构的墙体和屋架体系由木质规格材、木基结构覆面板和保温棉等组成。测试表明，150mm 厚的木结构墙体，其保温能力相当于 610mm 厚的砖墙。木结构建筑相对混凝土结构，可节能 50%~70%。因此，木结构更容易达到高标准的节能要求。

第四，建造容易且工期短。木结构采用装配式施工，这样的施工方式对气候的适应能力较强。与混凝土结构相比，木结构能缩短施工周期，从而大大节省时间成本。一个有经验的木结构制造商，建造一座普通尺寸的三层单户住宅只需要 10~12 周。

第五，安全、耐久性好。不同构造的木结构可通过石膏板等保护性、装饰性材料的使用，使木结构的耐火时间从 45min 提高到 1.5h，满足中国建筑防火规范中一般对耐火极限规定的 1h 要求。另外，同其他建筑结构相比，木结构在地震时极少发生结构性损坏，从而减少了人员伤亡事故的发生。1995 年日本神户大地震导致大量房屋倒塌，造成 14 亿美元的损失。而采用北美现代木框架方法建造的建筑基本未受影响。木结构和机械紧固技术的结合运用，使得现代木结构可以很好地抵抗强风暴雨和地震等因素带来的荷载。

第六，得房率高，易于整修。由于墙体厚度的差别，木结构建筑的实际得房率比普通砖混结构高 5%~7%。且木结构建筑容易改造整修，这有益于新房卖主和现有房买主。木结构允许他们经济地改变房屋以适应使用需求的变化。虽然目前木结构住宅技术在中国刚刚起步，行业规模也较小，但随着社会对住宅产品需求趋于多样化，顺应住宅建理念的木结构技术会有很大的发展空间。从发展现状和趋势来看，大量本土化、功能全、价格低、舒适环保的木结构建筑会在中国市场大量出现并继续发展（孙海燕，2006）。

1.3 竹结构建筑概况

1.3.1 发展现状

中国竹类植物资源丰富，竹子的面积、种类、蓄积量、采伐量均居世界产竹国之首（汪奎宏 等，2000）。竹子一般 3~5 年就可成材利用，属于短周期的可再生资源，具有极大的开发价值。竹材的力学性能优良，其抗拉强度约为木材的 2 倍，抗压强度约为木材的 1.5 倍（赵仁杰 等，2002；单炜 等，2008）。与传统建筑材料相比较，竹材在生长过程中可改善自然环境。竹材还具有优异的固碳性能、隔热性能，加工能耗低，废弃后可以自然降解。因此竹结构建筑从材料的制造、使用、废弃直到再生利用的整个生命周期中可与生态环境协调共存。合理地发展竹结构建筑有利于生态平衡和环境保护，具有重大而深远的意义。

用圆竹建造房屋在我国已有两千多年的历史。圆竹是一种形态朴实、自然典雅、价格低廉的生态材料，可直接用于制作各式桁架结构、网架结构，单层亭台楼阁中的梁柱等受力杆件。传统圆竹建筑大多架

设简单、造型单一、设施简陋、成本低廉，通常住上 3~5 年就须翻修或重建，是经济欠发达地区节约成本的选择，难有建筑的美观效果，多见于我国云南、四川、福建等地少数民族居住区。随着圆竹连接技术的发展，造型别致、风格独特的现代圆竹建筑应运而生，如 2000 年德国汉诺威世博会上的巨型竹篷、2010 年上海世博会上的印度馆等（柳菁 等，2013）。天然竹子的刚度、强度分布不均匀，难以满足现代工程结构的建造要求，很多工程无法直接利用圆竹作为结构构件。只有对圆竹进行进行改性处理，生产出截面规整、性能稳定的板材和型材，才能适应现代建筑形式的多样性和复杂性。2004 年国际竹藤组织和中国林科院木材工业研究所在云南屏边建造了全竹结构小学校舍建筑，首次将竹集成材和竹胶合板作为结构材用于建筑，为改性竹材在现代建筑结构中的应用奠定了基础（陈绪和 等，2005）。为了提高竹材的强度及利用效率，宁波大学的科研人员开发出钢—竹组合构件及复合式现代竹结构建筑体系，并进行了相关研究。钢材与竹材的组合使两者在受力过程中形成协同效应，显著提高了材料的使用效率，还能够获得空心形、箱形、工字形等有利于充分发挥材料强度的组合型截面，实现竹材与钢材的优势互补（Li Y et al.，2007）。

随着全球能源危机的加剧和环境问题的日益突出，轻型化、环保化是未来建筑结构的发展方向。竹材来源广泛、价格低廉、加工容易，是一种集力学和美学等多方面优势为一体的环境友好型工程材料。开展全方位的竹结构建筑研究工作并加以推广有助于建筑业的绿色低碳发展，具有重要的经济、社会和环境效益。

1.3.2 基本构成

1.3.2.1 竹结构建筑结构类型

（1）竹筋混凝土结构体系

由于竹材具有抗拉强度高、易加工和价格低廉等优点，以竹筋代替钢筋用于传统混凝土构件中，既可充分利用材料资源，又能达到节约钢材的目的。

竹筋混凝土最早由法国人蒙尼亚于 1867 年发明，后于 20 世纪 40 年代在日本得到推广（细田贯一，1942；Tatumi Juniti，1939）。由于经济困难、钢材短缺，20 世纪 50 年代中期此类结构大量应用于我国民用建筑。随后经济和社会的发展使得竹筋混凝土结构逐渐退出历史舞台，被钢筋混凝土结构所代替。随着工程建设对节能环保性能提出要求，科技的发展也推动了解决竹筋混凝土存在的问题，如提高竹筋与混凝土之间的黏结力，改善竹材的防水性并减缓腐蚀的发生。竹筋混凝土结构体系又成为研究热点并开始推广应用。

（2）改性竹材结构体系

近年来改性竹材结构体系得到了广泛应用。国际竹藤组织、中国林业科学院木材工业研究所、湖南大学等科研院所也均在此方面有实际应用。特别是 Integer China 团队完成的位于昆明世博生态城内的世界上第一栋多层竹屋（图 1-28），其抗竖向作用和横向（风、地震）作用的能力超过了木结构房屋，具有经济、安全、生态、环保的特点。此外，由于改性竹材构件具有规格统一、节点构造简单、工业化程度高等优点，特别适合用于灾后重建工作（魏洋 等，2009；吕清芳 等，2008）。例如，南京林业大学和东南大学联合开发的现代竹结构抗震安居房（图 1-29）、湖南大学提出的装配式竹材房屋（图 1-30），均在"5·12"汶川地震后的临时安置及灾后重建中发挥了重要作用。

基于改性竹材，可以将其与钢或混凝土结合形成组合竹结构（图 1-31）。钢—竹组合结构有效克服了薄壁型钢的过早屈曲，可充分发挥钢、改性竹材两种材料的强度。且钢—竹组合结构构件为空腔结构，内部可埋设管线或填充保温材料以满足建筑要求，具有较好的功能性。将改性竹材与混凝土组合，可充分发挥竹材受拉、混凝土受压的良好性能。由此可见组合竹结构具有良好的应用前景。

图 1-28　多层竹屋

（引自《INTEGER 现代复合竹结构建筑》）

图 1-29　竹结构抗震安居房

图 1-30　装配式竹材房屋

（引自《现代竹结构的研究与工程应用》）

（3）圆竹结构体系

采用圆竹建造房屋已有 2000 多年的历史。传统圆竹建筑多位于拉丁美洲、非洲、南亚、东南亚等国以及我国云南、四川、福建等地区。传统圆竹建筑由于造型单一、设施简陋、安全性差，普遍不为人们所接受。随着圆竹处理技术的完善，造型美观、风格独特的现代圆竹建筑应运而生（图1-32）。其中，2010年上海世博会印度馆、"德中同行之家"展馆是现代圆竹建筑领域的代表作。2014年越南竹结构建筑——竹之翼获得亚洲建筑师协会大奖，该建筑向公众展示了圆竹结构体系之美，成为使用环境友好型材料的典范。

（4）喷涂复合砂浆—圆竹骨架组合结构体系

圆竹本身存在易燃、易被虫蛀、耐腐性差等缺点。圆竹改性使用的化学试剂会对人居环境造成污染。另外，改性竹材虽然解决了圆竹结构尺寸、外形分布不均的问题，但同时削减了圆竹本身优异的力学性能。为解决上述问题，西安建筑科技大学现代竹木结构研究所将复合砂浆喷涂于圆竹骨架表面，经过一段时间养护后形成具有较好力学性能，并兼有良好保温、隔热以及耐火性能的喷涂复合砂浆—圆竹骨架组合结构体系（田黎敏 等，2018；西安建筑科技大学，2018，2017，2018；郝际平 等，2018）。对组合梁、柱、楼板的承载能力、破坏模式、复合砂浆的量化增

（a）钢—竹组合

（b）混凝土—竹组合

图1-31　基于改性竹材的组合结构

（引自《现代竹结构的研究与工程应用》）

（a）哥斯达黎加—Casa Atrevida

（b）中国—上海世博会印度馆

（c）中国—上海世博会德中同行之家

（d）墨西哥—花园活动中心

（e）中国—中湾花博会竹迹馆

（f）巴厘岛—The Arc体育馆

图1-32　现代圆竹结构

（引自《现代竹结构的研究与工程应用》《越南的绿色建筑》）

强作用以及组合墙体滞回性能的测试结果表明，喷涂复合砂浆与圆竹骨架黏结牢固，组合结构体系力学性能良好，具有良好的功能性和适应能力，施工速度快，可代替传统砖混结构应用于低层房屋及村镇建筑中，具有较高的推广价值。此外，该体系可为国家新型城镇化建设的设计、建造与安全运行提供科学依据和技术支撑（图 1-33）。

图 1-33　喷涂复合砂浆—圆竹骨架组合结构
（引自《现代竹结构的研究与工程应用》）

1.3.2.2　竹结构建筑的主要构件

竹结构是由构件断面较小的规格胶合竹材均匀密布连接组成的一种结构形式，由结构骨架、墙面板、楼面板和屋面板共同作用、承受各种荷载，最后将荷载传递到基础上。这些密置的骨架构件既是结构的主要受力体系，又是内、外墙面和楼屋面面层的支承构架，还为安装保温隔热层、穿越各种管线提供空间。研究竹结构建筑构件（如梁、柱、墙体及楼板等）是推广应用竹结构的前提。

圆竹及改性的工程竹材普遍用作结构材使用，如使用竹集成材、竹篾层积材和重组竹等来建造梁、柱、剪力墙和屋架等承重构件。工业化竹产品普遍应用于建筑的围护材料和装饰材料，如非结构用的竹集成材、重组竹、竹胶合板、微薄竹和竹刨花板等，可用作室内外竹地板、竹墙板、室内竹装饰材料（如竹吸音板、竹穿孔板等）和户外竹搁栅等。除此之外，建筑用竹材还用于竹脚手架、竹筋混凝土结构、竹筋砌体结构、土体加固工程，以及既有结构加固工程（刘可为 等，2019）。

（1）竹结构建筑的梁

圆竹简支梁会发生纵向劈裂破坏或局部弯折破坏。由于圆竹梁的抗弯刚度较低，工程中可直接按照挠度进行设计。与木材不同，圆竹梁在长期荷载作用下不会产生变形的增加，且在卸载后梁可以恢复到受力前的直杆状态，具有较好的整体性。

为了提高竹梁的力学性能，很多新型竹梁被设计出来。其中，竹木复合竹梁最为常见，竹梁力学性能也得到一定程度的提高。将纤维增强聚合物（FRP）、混凝土与竹材进行组合，形成 FRP—竹—混凝土组合梁，其极限荷载与截面刚度均得到了大大提高，其整体受力性能取决于连接件的刚度及其荷载—滑移关系，冷弯薄壁型钢—竹胶板组合梁具有良好的整体性，两种材料组合效应较好。将一种喷涂复合砂浆（主要由石膏基膨胀聚苯乙烯颗粒砂浆和抗裂水泥砂浆组成，也称喷涂保温材料、多功能环保材料）包裹于圆竹表面形成组合梁，不仅可以提高圆竹梁的极限承载力，更使圆竹梁刚度得到较大改善。以双根圆竹连接梁为例，在加载初期组合梁的抗弯刚度约为圆竹连接梁刚度的 5.7 倍，且极限承载力可提高 50% 左右，组合效应显著。

（2）竹结构建筑的柱

同钢柱相似，圆竹长柱的破坏主要由稳定控制，而短柱破坏主要由材料强度控制，且轴心受压构件的承载力会随着长细比增大反而降低。圆竹立柱典型的失效模式：整体失稳和局部失稳。圆竹竿受压破坏与受压区局部屈曲劈裂密切相关。

改性竹材柱的轴心受压破坏模式与竹材间黏结性能密切相关，黏结性能弱则黏结面会提前发生破坏，从而影响柱的承载力。基于良好的黏结性能，胶合竹柱轴心受压时与圆竹柱具有相同的力学表现（短柱强度破坏，长柱稳定破坏）。

考虑到工程结构的耐久性，研究人员设计了组合柱。钢—竹组合柱在轴心受压过程中整体受力性能良好。带横向约束拉杆的方形薄壁钢管 / 竹胶合板组合空芯柱（SBCCB）的极限承载力显著提高。喷涂复合砂浆—圆竹骨架组合柱提高了圆竹竿的安全性和适用性。

（3）竹结构建筑的墙体

将圆竹材作为建筑材料用于墙体在技术上是完全可行的。可以设计基于墙板模数的圆竹墙体单元，或将混凝土浇筑在竹条网格上从而形成一定厚度的墙体（图1-34）。但此类墙体在耐久性和承载力方面存在有一定的局限性。圆竹墙体的抗侧力约为同类型轻型木结构墙体的65%。目前在东南亚和非洲地区，已有利用以上方式建造的试验性建筑或地震棚等临时性建筑。

图1-34　竹条竹筋混凝土墙体
（引自《现代竹结构的研究与工程应用》）

基于改性竹材的组合墙体和喷涂复合砂浆—圆竹骨架组合墙体可解决上述不足，其力学性能、隔声性能、保温传热系数均可以达到我国对建筑墙体的要求，适用于现代多层竹结构。特别是喷涂复合砂浆—圆竹骨架组合墙体，其具有较高的抗剪承载力、抗侧刚度以及良好的抗震性能，组合墙体的抗侧承载能力较圆竹骨架提高了1.9倍。实际工程中以竹墙体承重的表现形式居多，竹框架结构较少，这主要是由于竹柱承载力有限。

（4）竹结构建筑的楼板

圆竹楼板方面，将小直径毛竹代替钢筋应用于混凝土单向板内，不仅可以达到减轻板自重、节约成本的目的，而且其隔热、隔声、保温效果明显。圆竹楼板在破坏前跨中挠度已超过规范要求，基本处于弹性阶段。随着荷载的增加，楼板纵向圆竹开裂、支座处圆竹碎裂，最终发生弯曲破坏。

喷涂复合砂浆—圆竹骨架组合楼板在正常使用阶段的整体抗弯刚度约为圆竹骨架楼板的17倍，其极限承载力约为圆竹骨架楼板的2倍。组合楼板不仅

能够满足抗弯承载力和挠曲变形的要求，而且耐久性得到较大改善，可以作为建筑楼板使用。基于改性竹材的组合楼板也具有较好的抗弯性能、优良的整体工作性能、较高的承载力和刚度。

1.3.2.3　竹结构建筑的主体结构

竹结构体系主要有连续墙骨柱式和平台式两种结构形式。其中，平台框架式轻型竹结构由于结构简单、易于建造而被广泛应用，其主要优点是将楼盖和墙体分开建造，因此已建成的楼盖可以作为上部墙体施工时的工作平台。

竹结构建筑的基础类似于混凝土结构基础（图1-35）。底层楼面通常采用架空的形式。竹材的腐烂与霉变主要由腐朽菌寄生引起，在通风不良的湿热条件下极易发生。地基外表面的防潮层用来控制土层湿气侵入地基。在地基的内表面，防潮层也可防止混凝土或砌块基础墙的潮气侵入支承保温层或内部装修的内部竹框架结构。

图1-35　竹结构建筑基础
（引自《现代竹结构住宅设计及工程应用》）

竹骨架墙体框架由墙骨柱、顶梁板、底梁板和过梁这些构件通过钉连接组成，并且这些构件都是采用一定等级的胶合竹规格材构成。墙骨柱可以为保温材料提供足够的空间。顶梁板和底梁板在楼盖顶棚处起到防火挡的作用，并为墙面板与房屋的装饰材料提供支撑。

竹结构楼盖体系由搁栅、楼面板和石膏板顶棚组成。底层楼盖周边由建筑物的基础墙支承，楼板跨中

由梁或柱支承。楼盖搁栅通常采用矩形和工字形截面，当房屋净跨较大也可采用平行弦桁架。次梁与主梁通过角钢或其他连接件连接。楼面板和顶棚吊顶可阻止楼盖搁栅的扭转。封边搁栅起到圈梁的作用。在搁栅和楼面板之间涂刷弹性胶，可增大整体楼层的刚度，限制活荷载所引起的震动，有效地降低楼板发出响声。

屋盖通常采用结构规格材制作。屋盖体系通常有坡屋顶和平屋顶两种基本类型，通常称坡度小于1∶6的屋顶为平屋顶，坡屋顶的坡度从1∶6到1∶1甚至更大。使用木方保证屋架的侧向稳定，使用木填块支承屋面板。沥青类屋面材料和陶瓷瓦是坡屋顶中使用最广泛的屋面材料。

1.3.2.4　竹结构建筑的连接

竹结构建筑的连接分为圆竹结构连接和工程竹结构连接。

圆竹结构的节点连接形式有捆绑连接、穿斗式连接、螺栓连接、钢构件或钢板连接、填充物强化连接及其他连接方法等。

（1）捆绑连接

捆绑连接（图1-36）是圆竹结构体系中常见的连接方法，避免了对圆竹进行切削开孔进而削弱截面强度，具有可调节、价格低廉等特点；但是施工效率低，耗时长，节点处性能受人为操作影响因素较大。

传统的捆绑材料有棕榈绳、麻绳等。新材料的出现给工程师们更多的选择，可以采用合成纤维、铁丝、镀锌丝、金属带等来绑扎或增强节点的强度。

绑扎本身为柔性连接，节点刚度不足，一旦内部受力不均匀，绳子易发生突然断裂破坏。此外，在使用过程中，受到日晒雨淋和温湿度变化的影响，绳子常会松动、断股和腐烂，必须及时更换新绳才能保证正常使用。为了加强节点的性能，可在使用前对绳子进行油浸处理使其具有更好的韧性和强度；还可通过多次重复绑扎的方法来提高节点的强度。

（2）穿斗式连接

穿斗式连接（图1-37）是用穿枋连续横向贯穿多根柱子形成的整体结构，具有用料小、整体性强的特点。穿枋与柱身的交接处即为穿斗节点，这种节点形式是对木结构榫卯连接节点的传承和模仿。竹材穿斗在一起，相互牵拉具有较好的延性，具备一定的抗震性能。然而穿斗式节点需要在柱身开洞成卯，由于圆竹中空的材料特征，开洞处理对圆竹构件截面强度削弱较大，单纯的构件穿插和相互固定无法保证节点的可靠性，常结合绑扎法来提高节点强度。此外，圆竹横纹方向力学性能较差，且抗劈裂性能差，穿斗式节点在使用过程中普遍出现了弯曲、折断、劈裂等现象。

（3）螺栓连接

螺栓连接（图1-38）应用广泛，具有经济性能好、

图1-36　捆绑连接

（引自《Review on Connections for Original Bambo Structures》《The Challenge of Connecting Bamboo》）

图 1-37　穿斗式连接

（引自 ECHOcommuniy）

施工效率高、传力简单可靠等特点。简单的螺栓连接只需在竹竿上钻出适合螺栓直径大小的孔洞，再配套使用螺栓和螺母便可实现构件的连接，其他螺栓连接形式都是在此基础上优化改进产生的。

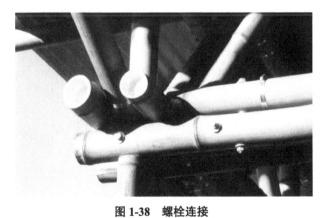

图 1-38　螺栓连接

（引自《The Challenge of Connecting Bamboo》）

螺栓连接对圆竹的顺纹抗剪、抗劈裂性能的要求较高。圆竹壁薄中空，在开孔加工和日常使用的过程中易开裂，节点也常会因为竹材开裂或局部变形而失效。在实际操作中难以保证多根圆竹竿的螺栓孔在一条直线上，虽然可以通过增大钻孔直径进行调节，但会引起较大误差，也会降低节点的强度。在使用过程中，由于螺栓和螺母与圆形竹竿无法完全贴合，节点处会逐渐产生间隙而松动。螺栓螺母在自然状态下会锈蚀老化，将导致连接变得不可靠从而影响结构的稳定性。

（4）钢构件和钢板连接

钢构件或钢板连接是综合采用螺栓、钢筋挂钩、卡扣、金属箍、钢管、钢板等连接件中的一种或多种，将圆竹构件连接起来的方法，具有连接牢固、装拆方便等特点，常见的连接形式分为以下三类。

①金属件嵌入竹筒内的连接（图 1-39）：钢构件

图 1-39　金属件嵌入竹筒内的连接

（引自《竹材的建构》）

上的金属件（钢管或钢板等）插入竹竿内部，再通过螺栓或喉箍将圆竹与内部的金属件固定在一起。对于钢管来说，由于钢管的形状与圆竹内部形状的差异，钢管与圆竹内壁不能紧贴在一起，两者的相对位置一直在变化，导致主要负载的螺栓经常转变，当荷载较大时圆竹壁容易被破坏。

②圆竹嵌入金属件内的连接（图1-40）：将圆竹直接插入钢管内，再通过螺栓固定实现构件之间的连接。钢套管使构件整体化，增强了节点处的性能，但由于预制的钢套管尺寸固定，圆竹的直径又难以统一，在实际施工过程中需要对竹材进行切削从而匹配钢管内径，不但削弱了圆竹的性能，还增加了施工的难度。

③搭接连接（图1-41）：搭接连接的联系主要靠金属件，尤其是钢圈，不会对竹材造成损伤。如图1-41所示为一种用于连接梁柱的多层金属笼；金属笼由多层金属板和螺栓组成，金属板之间的距离可通过螺母调节以适应不同尺寸的圆竹。这种节点构造对材料本

身的破坏较少，尽可能地避免了在圆竹上打孔。除此之外，金属板上还附有弹性垫层，不仅可以缓解钢构件对圆竹的挤压作用，还能够增加摩擦以减少圆竹的滑移和转动。

钢构件和钢板的样式还有许多，人们根据不同的使用部位和使用需求，将圆竹与金属件结合创造出了多种多样的节点形式（图1-42）。预制金属件的精确度高、耐久性好、防虫、可循环利用，但由于圆竹规格难统一，将其与精确的金属件连接会造成浪费。此外，节点的设计制作通常是针对某一特定的工程，制作工艺复杂且成本高昂，不能工业化批量生产，应用有局限性。

（5）填充物强化连接方式

为确保节点的刚度和稳定性，研究者们提出了在圆竹空腔内加入填充物来强化节点，再通过螺栓和预制金属件进行连接的连接方法。如先在圆竹空腔内部插入预制的钢套筒，再在套筒和竹壁之间注入泥

图1-40　圆竹嵌入金属件内的连接
（引自《竹材的建构》）

图1-41　搭接连接
（引自 Intenational Bamboo and Rattan Organization）

（a）复杂的钢构件连接节点

（b）圆竹与混凝土的连接

（c）主体结构与围护结构的连接

图1-42　钢构件或钢板连接形式多样
（引自《An overview of global bamboo architecture: trends and challenges》《竹材的建构》）

浆，最后用钢环约束圆竹构件的节点形式（图1-43）。该连接方式使节点具有较好的延性和较高的强度，可以有效地传递轴向荷载。

（6）其他连接方式

在前述连接方式的基础上，国内外学者还提出了多种多样的连接方式。如在圆竹两端附着特制钢帽的连接形式，节点由钢帽、木块和钢筋组合而成（图1-44）；将圆竹端部整平的连接形式，该节点的制作首先将圆竹端部部分切除，其次去除竹黄，然后再使用胶黏剂将圆竹与木块黏合，最后热压成规则的整体（图1-45）；采用自然纤维布或纤维增强聚合物（FRP）布同螺栓连接组合的连接形式（图1-46）；内外套管连接（图1-47）。

图1-43　填充物强化连接

（引自《Connections for Bamboo Structures》）

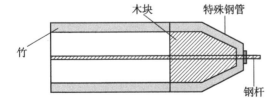

图1-44　圆竹两端附着特制钢帽的连接形式

（引自《Bolted Bamboo Joints Reinforced with Fibers》）

图1-45　圆竹端部整平的连接形式

（引自《Development of a New Method for Connecting Bamboo Tubes》）

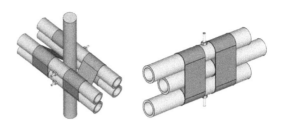

图1-46　采用自然纤维布或FRP布同螺栓连接组合的连接形式

（引自《Bolted Bamboo Joints Reinforced with Fibers》）

图1-47　内外套管连接

工程竹材构件的截面形式同木结构构件，因此木结构的连接方式也可以应用到工程竹结构体系中。现有工程案例中常见的连接方式有：榫卯连接、螺栓连接及螺栓和金属件组合连接等。如南京林业大学竹别墅（图1-48）、井冈山荷花亭采用的金属套筒和螺栓连接方式；江西奉新竹重组材别墅采用的是榫卯连接（图1-49）；北京世博园竹集成材结构采用的是钢板螺栓组合连接（图1-50）。

1.3.3　节能环保

在建筑行业中，能源、水、建筑材料、土地等资源在建筑物的整个生命周期内的消耗以及大量污染物的排放，使建筑环境的负荷不断增加，并对低碳生态造成了严重的不良影响，因此竹结构建筑作为一类典型的建筑形式，探讨其是否属于节能环保建筑也是非常必要的内容。现代竹结构建筑是以竹子为主要建筑材料，在建造过程中结合钢、铁等连接构件，并在传统竹结构建筑的构造节点进行改良的基础上发展了螺栓、套筒、槽口等方式的一种建筑形式（季正嵘 等，2006）。生命周期评价方法（LCA）作为一种环境管理工具，不仅能对当前的环境冲突进行有效的定量分析和评价，而且能对建筑材料"从摇篮到坟墓"的全过程所涉及的环境问题进行评价。所以在评价竹结构建筑的节能环保性时，可以在全生命周期范围内进行考虑，包括用材选择、建造过程、使用过程和再生过程，这样能够系统地分析整个建筑在各个环

图 1-48　南京林业大学竹别墅

图 1-49　江西奉新竹重组材别墅

（资料来源：江西飞宇竹业集团有限公司）

图 1-50　北京世博园竹集成材结构

（资料来源：赣州森泰竹木有限公司）

节的能耗和综合环境影响。

　　建筑的节能环保评价必须建立在用材基础上，在探讨竹结构建筑的节能环保性能时，起到最大作用的就是其原材料竹材。竹材被认为是自然界中效能最高的材料，有着独特的观感和力学特性。竹结构

建筑与石、砖、混凝土等传统材料建造的建筑相比，无论是水污染、碳排放，还是固体废弃物对环境的影响，都相对较小（严彦 等，2020）。1t 竹子在生长过程中大约会释放 1.07t 氧气，吸收 1.47t 二氧化碳；而每生产 1m³ 钢铁，就会释放 5320kg 左右的二氧化

碳;每生产1t普通硅酸盐水泥,会释放0.74t的二氧化硫,1t左右的二氧化碳,以及130kg的粉尘。所以,相比其他材料而言,采用竹质建材既符合国家建设生态住宅的产业政策,又顺应健康住宅的理念(朱建新,2005)。

在建造过程中,竹结构建筑的能耗也相对较小。首先,在砍伐时由于其碳储量很高,所以吸收的二氧化碳在被砍伐后就可以保存其中;其二,传统建筑浇筑后需要等混凝土凝结后才能进行下一道工序,竹结构建筑现场施工相对较少,不仅节省水资源,而且能源消耗量也小得多;其三,现代竹结构建筑在建造过程中还包括预制构件安装等环节。竹材的构件可以在工厂中就提前预制,这样的话一方面可以减少运输过程中损失的能耗,另一方面生产构件的污水也可以直接在工厂的污水系统中进行处理,高效环保(黄水珍 等,2019)。

竹结构建筑在实际使用过程中也有着节能环保的优势,这源于竹材是天然有机高分子聚合体,其组织结构主要由维管束和薄壁细胞组成。竹材内部空腔使得竹材的热传导速度慢,竹材人造板导热系数为0.14~0.18W/(m·K),远低于钢筋混凝土和黏土砖瓦。一方面,竹结构建筑墙体和楼盖的空腔填充有保温棉,其保温隔热性能要好于砖混结构或混凝土结构,

从而能够降低使用过程中产生的能耗(陈国,2009)。另一方面,现代竹结构建筑的设计往往因地制宜,不仅有通风、防潮的功效,使用时间长的同时舒适又环保,减少了资源的消耗,从而间接降低了对生态环境的影响。

竹结构建筑在全周期评价中的再生过程也表现出节能环保的特点。竹材作为一种可再生材料,本身就有着天然材料独特的环保优势,不会像水泥一样在制造过程中污染环境,同时竹结构建筑废弃构件的利用也加强了资源的利用率。很多竹屑、竹枝等加工废料一方面可以自身经过粉碎、干燥、涂胶、热压等工艺制成蜂窝板、竹编板等新型人造板继续使用;另一方面,竹废弃物还可以与其他材料相互混合,生产为其他可再生复合材料,提高了竹材的附加价值(辜夕容 等,2016)。另外,即使竹结构建筑的废弃构件不能再次作为建筑材料使用,也可以作为农用燃料,因为竹材的化学组成中氮与硫的含量都很少,所以其废弃物在燃烧过程中几乎不会产生二氧化氮和二氧化硫,排放的烟尘也相对较低,它的热解产物还包括竹炭和竹醋液等,竹炭可以吸附有毒有害物质、净化水质与空气之功效,竹醋液还可以除臭和改良土壤,非常低碳环保(吕玉奎 等,2015)。

2

木竹结构建筑与人居环境

2.1 建筑与环境

房屋建筑是人类生活的重要场所，同时也是关系国计民生的重要支柱产业之一。房屋建筑在当代是经济发展、社会进步的重要标志。尤其近年来随着城市化进程的不断加快，城市住宅的发展呈现出数量稳定增长、质量不断提高、结构逐步完善的趋势，并不断涌现出具有特色的住宅。房屋建筑是一个巨大的能源资源消耗行业，在建筑业蓬勃发展的今天，建筑节能成为国家长期性、强制性的推广政策。我国正积极倡导节能环保、可持续发展、绿色发展，在建筑行业中建筑设计的节能问题成为今后城市建设的发展方向。

中国自古以来就有"大地有机、天人合一"的思想。人作为环境的一部分，生存于环境之中，又影响和改造着环境。尤其在建筑方面，建筑是人类最富有环境性的一项内容，它充分体现着人与自然、建筑与环境的融合。建筑与环境有着密切关系，建造一栋建筑就意味着与周边的环境发生关系，从而导致一系列的相互作用，进而形成自然环境系统与建筑环境系

统之间的动态交换。从气候、地形等宏观因素到使用者对建筑的微观调控，都会对上述系统物质交换产生影响。建筑环境设计主要是解决建筑自身与周围环境的关系，建筑师们对寻求建筑与自然环境的和谐进行了深刻探索，通过对室内外空间、环境进行艺术处理以及绿化景观的变化、统一，从而达到人文、环境、发展的和谐统一。

当代科学技术的进步和社会生产力的高速发展，加速了人类文明进程，与此同时，人类社会也面临着一系列环境与发展的重大问题和挑战。在严峻的现实面前，人们不得不重新审视之前的城市建筑设计理念和设计思想。在城市发展和建设过程中，我们必须考虑建筑与环境的和谐，并将环境与经济、社会同等对待，充分发挥环境的优势因素。

近年来环境保护变成了建筑行业中不可忽视的问题。为融洽建筑与环境的关系，国外许多国家都开发了各自的绿色建筑和建筑环境评价体系。 如 BREEAM（building research establishment environmental assessment method）、LEED（leadership in energy and environmental design）、GB Tool（green building assessment tool）能够适用于不同的国家；CASBEE（comprehensive assessment system for building environmental efficiency）是亚洲首个绿色建筑评价体系，对于我国有很大的借鉴意义。近些年，我国对于绿色建筑评价的研究取得了长足发展。《绿色生态住宅小区建设要点与技术导则》《中国生态住宅技术评估手册》《绿色奥运建筑评价体系》《绿色建筑评价标准》《中国绿色建筑评估体系》《生态住宅环境标志认证技术标准》等标准的颁布出台都为我国的绿色生态建筑评价工作提供了理论依据和指导。

亲生物设计把人类的健康生活环境作为关键因素引人设计和营造中，它在设计中充分考虑了人与自然息息相关的联系，满足人们对于健康生活环境的需求。在各类建材中，木材既是天然材料又是工程建筑材料，在亲生物设计方面具有独特性。随着"亲生物设计"的兴起，木材对人生理健康的积极作用也受到越来越多的关注，在建筑结构和室内装饰中使用木材来创造健康的生活环境已成为一种新趋势（程卓 等，2020）。木材作为天然、可再生的建筑材料，不仅可以改善室内微环境，提升居室的舒适和温馨感，也可以对外界生态环境产生一定积极作用。木竹结构建筑在节能、抗震、环保、耐久性等方面的性能，均优于钢筋混凝土结构建筑（曹丽莎 等，2020）。并且以其优良的环境特性一直备受人们喜爱。木竹结构建筑有着独特的文化背景，是传统建筑文化中的重要元素，并与人们生活环境、生活方式以及工作环境有着密切联系（图2-1）。近年来，随着我国建设步伐的加快和人们生活水平的提高，以及我国低碳经济、可持续发展的要求，现代木竹结构建筑也得到了一定发展。木竹结构建筑具有节能、环保等优点，在新工艺和新理念的支持下，木竹材料以其独特的方式诠释着现代建筑，展现出它特有的自然魅力。

中国是最早应用木竹结构的国家之一，中国木竹结构作为非物质文化遗产应该继续传承和发扬。我们要跟上时代的步伐，开创符合中国特色的绿色、安全、舒适、健康、永续居住的建筑形态和建筑环境。

（a）日本京都东本愿寺大师堂

（b）德国桁架式木结构房屋

（c）泰国清迈市佛教小学体育馆

（d）中国台湾花博会竹迹馆

图 2-1　典型的木竹结构建筑

根据自然环境的定义，其应具备以下 5 点要求：

·祖先的原型经验（ancestral archetypes）；

·疗愈型建筑（healing architecture）；

·与环境调和（harmony with the land）；

·本土的智慧（vernacular wisdom）；

·文化认同（cultural identity）。

如今，住宅以及一些轻型商业和工业建筑都在使用现代木竹结构材料，未来人们会在各种类型的建筑和运输结构上更多地使用木材。发展木竹结构建筑能够充分利用木材资源、发挥木材的环境友好性、促进木材产业升级，从而节约资源、加强环保。

2.2　人居环境及其构成

人居环境，顾名思义，是人类聚居生活的地方，是与人类生存活动密切相关的地表空间，它是人类在大自然中赖以生存的基地，是人类利用自然、改造自然的主要场所。按照对人类生存活动的功能作用和影响程度的高低，在空间上，人居环境可再分为生态绿地系统与人工建筑系统两大部分。

人居环境科学是一个开放的学科体系，是围绕地区开发、城乡发展等诸多问题进行研究的学科群；是以人居环境为研究对象，连贯一切与人类居住环境形成与发展有关的新学科体系，涉及领域广泛，是多学科的结合，包括自然科学、技术科学与人文科学。

人居环境的核心是"人"，其研究以满足"人类居住"需要为目的。大自然是人居环境的基础，人的生产生活以及具体的人居环境建设活动都离不开更为广阔的自然背景。

人居环境是人类与自然之间发生联系和作用的中介，人居环境建设本身就是人与自然相联系和作用的一种形式，理想的人居环境是人与自然的和谐统一，即古语所云"天人合一"。

人居环境内容复杂。人在人居环境中结成社会，进行各种各样的社会活动，努力创造宜人的居住空间（建筑），并进一步形成更大规模、更为复杂的支撑网络。人创造人居环境，人居环境又对人的行为产生影响。

借鉴道萨迪亚斯"人类聚居学"的概念框架，他用系统观念，从分解开始，将人居环境从内容上划分为五大系统，分别是自然系统、人类系统、社会系统、居住系统、支撑系统。

（1）自然系统

整体自然环境和生态环境是聚居产生并发挥其功能的基础，是人类安身立命之所。自然系统的研究侧重于与人居环境有关的自然系统机制、运行原理及理论和实践分析。包括如区域环境与城市生态系统、土地资源保护与利用、土地利用变迁与人居环境的关系、生物多样性保护与开发、自然环境保护与人居环境建设、水资源利用与城市可持续发展等。

（2）人类系统

人类系统主要指作为个体的聚居者，以及居住者之间的生活方式、社会关系，其相关研究侧重于物质需求与人的生理、心理、行为等的有关机制及原理、理论方面的分析。

（3）社会系统

社会系统主要指公共管理与法律、社会关系、人口趋势、文化特征、社会分化、经济发展、健康与福利等，涉及由人群组成的社会团体相互交往的体系，对其研究包括由不同地方性、阶层、社会关系等的人群组成的系统及有关机制、原理、理论和分析。

（4）居住系统

居住系统主要指住宅、社区设施、城市中心等，即人类系统、社会系统等需要利用的居住物质环境及艺术特征。包括如何安排共同空地（即公共空间）和所有其他非建筑物及类似用途的空间。

（5）支撑系统

支撑系统主要指人类居住区的基础设施，为人类活动提供支持、服务于聚落并将聚落连为整体的所有人工和自然联系系统、技术支持保障系统以及经济、法律、教育和行政体系等。包括公共服务设施系统（自来水、能源和污水处理）；交通系统（公路、航空、铁路）以及通讯系统、计算机信息系统和物质环境规划等。

在五大系统中，人类系统和自然系统是两个基本系统，居住系统与支撑系统则是人工创造与建设的系统。在人与自然的关系中和谐与矛盾共生。人类必须面对现实，与自然和平共处，保护和利用自然，妥善地解决矛盾，即必须进行可持续发展。

2.3　木竹结构建筑与现代人居环境

（1）木竹材的环境友好性

木竹材在自然生长过程中具有森林中的多种生态效益和环境性能，它能够涵养水源、防风固沙、保持水土、改善空气质量、调节气候、美化环境等。木竹材是可再生能源，对环境没有污染且可以减少能源的浪费。远古人类使用木竹材来满足最基本的需要，如遮风、挡雨、保暖御寒等（Sven Thelandersson，2003）。从传统的木竹结构建筑、木竹作家具到现代所提倡的木质环境等，都体现出人类对木竹材的喜爱和浓厚情感。

木竹材作为主要的结构材料被应用在大量的建筑和土木工程中（孙启祥，2001）。在生产加工中，相比其他金属材料以及玻璃、钢筋、水泥、PVC材料等，木竹材是最节约能源的材料。作为建筑主体或室内装饰材料，木竹材及其制品具有调温调湿功能（罗金洪 等，1998）。木竹屋能够让人有冬暖夏凉的舒适感，研究证明木竹材装修的房屋其室内温湿度更适宜人类生活（Wang et al.，1996）。木竹材料还具有良好的声学特性，木竹环境住宅不仅能降低噪音，还具有较好的室内音响效果。木竹材是多孔性材料，具有较强的各向异性的特点，能够吸收紫外线，减轻对人体的伤害，反射红外线使人产生温暖感。木竹材用于建筑装饰材料，能够降低室内环境中有害物质的污染，保护人体健康。木竹材有着独特的气味，有些木竹材的气味能够起到杀菌防虫的作用，有些具有祛病健身的功效，有些还可以增进环境的舒适性。

木竹材这种天然材质相比钢混结构，避免了冰冷感和沉重感，使建筑物具有一种亲和力，充分体现建筑与环境的融合。木竹材作为传统建筑材料，其天然丰富的纹理图案、温暖的色泽一直深受人们喜爱，是我们生活环境中不可替代的一部分。木竹材是一种可再生的低碳材料，其本身的特殊性质能为建筑师提供更多创作空间，使木竹结构展现出不同风格的建筑表现力。表2-1为主要建材生命周期对环境的影响，可以看出木竹材与其他建材相比对环境的影响最小，环保优势明显（曹伟，2001；沙晓东，2004）。

表2-1　主要建材生命周期对环境的影响

材料种类	水污染	能源消耗	温室效应	空气污染指数	固体废弃
木材	1	1	1	1	1
钢材	120	1.9	1.47	1.44	1.37
水泥	0.9	1.5	1.88	1.69	1.95

（引自《木结构建筑与现代人居环境》）

由此可见，木竹材具有一些其他材料无法比拟的微环境学特性，使其在营造温馨舒适的人居环境及促进人体心理生理健康方面存在较大优势（SAKU-RAGAWA et al.，2005）。木竹材的使用可以改善环境的质量，是环境友好型材料。

（2）木竹结构建筑的人性化表现

木竹结构建筑的人性化理念主要表现在设计、用材和建造过程中，根据人的行为习惯、生理结构、心理情况等，在原有设计和性能的基础上，对木竹结构进行优化创新，使其能够最大限度地满足人们居住"安全、舒适、节能、健康、生态"的愿望，充分尊重人性的本质、体现人文关怀。

（3）木竹结构建筑的人性化设计

在木竹结构建筑设计过程中要注重造型空间布局的灵活性，利用自然通风和天然采光、室内设计的形式要素（如造型、色彩、材料、装饰等）来满足功能的开发和挖掘等要求。要利用精炼有力的表现手法为现代木竹结构建筑带来全新的形态设计，将感性和理性相融合，以人性化设计诠释木竹结构建筑的自然回归（董玉香，2011）。站在可持续发展的角度来探究木竹结构建筑环境的生态设计，必须从物理、

图 2-2　太湖御玲珑

（资料来源：昆仑绿建）

图 2-4　2010 上海世博会"德中同行之家"竹结构房屋

图 2-3　神州北极公司研发的大跨度集成材

（资料来源：大兴安岭神州北极木业有限公司）

人们的心理和生理角度出发来研究室内外环境、自然能源的利用等，在木竹结构室内环境品质、能耗、环保之间寻找设计的平衡点。让木竹结构建筑满足人们的使用要求和精神需求，体现对人性的关怀，达到以人为本的设计理念。

（4）木竹结构建筑在建造过程中的人性化特征

与混凝土或砖石结构相比，木竹结构建筑自身质量轻、承受冲击荷载和重复荷载的能力强，因此具有良好的抗震性能。木竹材料及其特殊结构构件的标准化生产，在施工时避免了大型机械的使用，采用全新干式施工法，既节约水资源，又减少了粉尘和噪声污染，且安装速度快、施工工期短。相关研究已经证明木竹结构具有节能环保、防潮、隔音、防火、可修复性强等特性，还具有配套的技术保障体系，坚固耐用，由此可见，木竹结构具有生产施工的低碳性、施工过程的环境友好性。

（5）木竹结构建筑营造绿色生态人居环境

由于现代建筑大量使用合成材料来进行装饰装修，造成了室内外的空气质量问题，同时影响着人体健康。木竹结构建筑的环境友好性既符合国家建设生态住宅的产业政策，又顺应绿色健康住宅的理念。

为了更好地建设符合人类需求、理想的居住环境，国内外许多学者致力于绿色建筑的研究，并兴建了一批示范性建筑。如中国林业科学研究院木材工业研究所与加拿大木业协会合作在北京市门头沟区华北林业试验中心内建造的轻型木结构房屋，该示范房屋是"木结构房屋结构材料应用关键技术引进"项目的阶段性成果之一；中国林业科学研究院木材工业研究所建造的北京市通州区电子信息高级技工学校园区内的胶合木结构房屋，其建筑施工有效地保护了周边的自然环境并与其有机融合。

国际竹藤中心安徽太平试验中心建造了3座具有重要示范意义的木竹材示范房屋。其中，与日本秋田县株式会社美造园建设工业合作完成的日式胶合木结构房屋，建筑面积350m²，主体框架采用日本柳杉胶合木，采用日本先进的现代木结构房屋建筑理念、建筑

技术以及节能降耗的设计，具有现代感的外形设计结合了木材的环境友好性，能够让人的身心和所处空间融为一体，给人舒适、自然的感觉。另外两座木结构房屋由木材与竹材复合材料建造而成，与日式胶合木结构房屋相比具有不同的建筑风格。其不仅朴素自然、简单实用，还与周围环境完美融合，使人有着"回归自然"的感觉，体现了生态与人居的完美结合。

位于北京门头沟的中国林业科学研究院华北林业试验中心的木结构房屋和安徽太平试验中心的日式胶合木结构房屋，分别从加拿大、日本引进了关键的木结构房屋规格材、工程材料指标体系和框架建造技术与规范。对木结构建筑环境性能进行的综合研究与评价表明，该木结构住宅在舒适度和节能方面具有显著优势，该研究对于进一步评估我国运用主要人工林木材建造木结构房屋的适应性和宜居性、倡导科学合理地利用木材资源具有指导意义。

近年来，我国的木结构建筑发展较快，在北京、上海、天津、南京、杭州、成都等城市木结构住宅悄然兴起，很多木结构企业也迅速崛起，其产业发展逐步走向规模化。苏州昆仑绿建木结构科技股份有限公司是国内最早提供木结构建筑整体解决方案的开发商之一。如由其承建的"太湖御玲珑生态住宅示范项目"，充分体现了木结构建筑绿色低碳、生态、节能的优点，并与周围环境形成了和谐的景观氛围，让居住者感受到自然生态的绿色气息，享受着美好的生活（图2-2）。大兴安岭神州北极木业有限公司自主研发的大跨度结构集成材，不仅增强了木结构建筑的美感，而且能满足大跨度建筑的需求，应用十分广泛（图2-3）。2003年北京市昌平区北七家镇的"未来之家"项目，是当时建设部推动的综合示范工程。其中，中美合作的"美国未来之家净零能耗健康住宅"使用太阳能和地热系统提供能源，在木结构的基础上运用多种生态技术，通过对建筑材料和节能电器的选择运用，使整幢住宅在日常运转中实现"零能耗"，既节能又环保。这种"零能耗"的建筑环境充分体现了节能、健康、生态、环保以及舒适性等特点，所有能源都是清洁的，对大气的影响微乎其微。该建筑尽可能利用再生能源，不破坏环境，体现了亲和自然和可持续发展的理念。

2010年上海世博会期间，"德中同行之家"的竹结构房屋更是将中国传统环保型建筑材料——"竹材"引入到建筑中。该展馆的主体支撑完全采用竹结构，融合了现代艺术设计手法和中德文化，借助竹子本身的韧性和环境亲和力，表达出极简、温暖、轻盈优雅的美学意蕴，展现了独特的现代建筑风格，体现了绿色、生态、环保的理念。可见木竹结构建筑将逐步成为城市环境建设可持续发展的主题(图2-4)。

上述木竹结构示范性房屋和建筑展馆的展示、研究与应用表明，木竹结构建筑应在社会环境、文化环境、人类健康三者之间找到和谐的平衡点，最终通过人们的居住活动体现其绿色生态、适宜人居的意义和价值。只有实现健康舒适环境的智能化运营，并通过与居住者沟通不断改进和提升木竹结构房屋的环境，才能让绿色健康的理念在木竹结构建筑中真正得到体现，从而营造绿色生态的人居环境。

木竹结构建筑要营造绿色、生态、健康的人居环境，从生态学的角度可以把其视为以人为中心、开放式的小生态系统。这个综合的人居环境要真正发展成为绿色建筑，就要运用建筑学、环境学、生态学、生理心理学、人体工效学等多学科进行交叉研究，并借助高新技术手段为营造良好的绿色人居环境创造必要条件。

现阶段木竹结构建筑在我国的发展还存在着一些问题，民众对现代木竹结构房屋还缺乏足够的认同。现代木竹结构建筑的框架结构主要采用SPF，覆面板则采用定向结构板（OSB，oriented structural board），这些材料几乎全部需要进口。怎样把我国人工林木材资源很好地转化为建筑材料，怎样提高建筑设计水平及原材料加工水平，怎样解决木竹结构建筑中建造成本、日常维护以及日后修缮，怎样在市场形成完整的木竹结构建筑产业链等问题，成为木竹结构建筑业的发展方向。

为推动现代木竹结构建筑在我国的发展，要做到以下几点：①人们要从根本上转变观念，木竹结构建筑不等于高档别墅住宅；②从我国的国情出发，结合我国独特文化内涵的设计理念，让木竹结构建筑寻求人与自然、社会的平衡关系，而不是使其成为简单的功能主义建筑；③加强高等院校和科研院所对专业人才的培养，普及专业知识和提高技术水平，使技术工程师和建造商们尽快掌握原材料的加工处理技术、墙体施工技术及结构件、标准化构件和连接件等的制造技术；④不断完善木竹结构建筑的设计规范和标准，建立健全相应的法律法规和管理实施办法；⑤大力发展人工林资源，拓宽国内木竹结构建筑市场，增强人们对木竹结构建筑的认识。

随着社会的发展和进步，人们有条件去追求建筑的舒适性。构筑更适合人类居住的木竹结构建筑环境，才能充分体现其生态效益。相信未来木竹结构建筑将更加具有创新性和高科技性，更好地服务于社会和人类，其人文价值、社会价值、经济价值和科学研究价值将被更为有效地利用和开发。

3

木竹结构建筑居适环境特征

3.1 心理环境

木竹结构建筑未来的发展必将要体现建筑、环境、人与未来和谐发展、和谐共生的人性化发展理念，让人真正体会到"会呼吸的房子"，从而达到"舒适建筑"的目标。只有通过人类活动，木竹结构建筑营造的木质环境才有意义，所以在研究木竹结构建筑时一定要考虑到人与环境之间的心理互动关系。

心理环境评价一般是基于主观评价的方式，展开心理学实验的调查分析。作为一类主观评价的方法，为了定量表达、评价木竹结构建筑引起人们感官、心理情感的变化，可以采用感性意象调查及 POMS 心境状态等方法对不同建筑房屋类型进行评价测量，将情感上的感觉转换为数据的描述。

3.1.1 感性意象调查

感性意象评价是指针对产品开发过程中的设计问题，以感性工学为理论基础，将消费者对产品的感性认知量化，构建的一种评价方法。感性工学（kansei engineering）是介于设计学、工学及其他学科之间的

一门综合性交叉学科。感性工学是一种十分人性化的、有效的产品开发技术，它以消费者为导向，把消费者对产品的感性意象量化，辅助设计师进行产品设计，从而使产品更加人性化。目前，准确呈现消费者对产品意象偏好的研究越来越多。产品意象是由人的感官形成的，是对产品产生的一种精神把握，一般借助意象形容词来表示（孙凌云 等，2009）。产品意象是消费者与设计师沟通的重要媒介，反映了消费者的心理感受和情感需求，设计师准确把握消费者的心理感知，能够迎合不同用户的心理需求。产品意象的研究是对人们心理感知的重视，不同文化、生活经验的人对产品的感知也不尽相同。针对产品开发过程中的设计问题，以感性工学为理论基础，将消费者对产品的感性认知量化，构建产品材质意象评价方法（郭星 等，2014）。

研究案例：

基于语义微分法（semantic differential method, SD 法），根据被评价事物的主要风格特点和评价目的进行筛选，选择含义明确、不模棱两可的评价语言对不同类型房屋进行打分评价。通常情况下评价的尺度不宜过多或过少，以 5~7 级为宜。按照以上原则，实验选取 3 对感性语意心理量词汇（舒适—不

舒适、安静—焦躁、温暖—冰冷）制成评价尺度为7级（+3~-3）、评价级差为1的评价量表。3代表被试者感受更偏向左侧形容词，-3代表更偏向右侧，而0则代表被试者对目标的评价中立。被试者需要在每一种建筑环境当中去感受体会，并根据自己的主观感觉来评价打分。

实验选择年满18岁、有一定的经济能力及家庭相关的财政决策能力且身体健康的人员作为被试者。随机抽取有专业背景或无专业背景的20人，20人全部为中国人（男女各半），平均年龄27.15岁。被试者分别在不同结构类型的建筑（原木屋、胶合木屋、钢混屋）中随意走动或休息一段时间后，使用评价量表对所处环境进行打分。图3-1为人们在不同天气环境下对不同类型建筑的评价。

①从"舒适—不舒适"的评价来看，在阴天和雨天状态下，胶合木结构房屋的舒适性要优于原木结构房屋；在晴天状态下，原木结构房屋的舒适性略优于胶合木结构房屋；三种天气状态下，两种木结构房屋的舒适性均很大程度地优于钢混结构房屋，被试者表现出非常舒适的状态。这可能是由于人们在不同的房屋中可以用视觉、触觉、嗅觉、听觉等综合感觉去感受评价房屋环境。木材具有较强的各向异性的特点，表现出柔和的、具有丝绸般表面的效果；木材纹理构造的涨落谱和人体生理节律的涨落谱存在形式一致，故而影响人们的心理和生理。

②从"安静—焦躁"的评价来看，不同天气状态下，人们处于原木结构和胶合木结构的房屋环境中，对于感觉特性都给出了趋向安静的评价。而且，

在阴天和雨天状态下，对于胶合木结构房屋环境的安静评价要优于原木结构房屋；在晴天状态下，对于原木结构房屋的安静评价略优于胶合木结构房屋；三种天气状态下，对于两种木结构房屋环境的安静评价均很大程度地优于钢混结构房屋，都获得了趋向安静的评价。这可能是木质环境的优越性对人体机能具有一定的调节性。由于人的情绪和情感是在大脑皮层调节下整个神经系统协同活动的结果，在观察不同房屋类型构造的环境时，人们的情绪和情感会伴随着一系列肌体的心理与生理发生变化。

③从"温暖—冰冷"的评价来看，不同天气状态下，人们处于原木结构和胶合木结构的房屋环境中，对于感觉特性都给出了趋向温暖的评价。而且，在阴天和雨天状态下，胶合木结构房屋的温暖感要略优于原木结构房屋；在晴天状态下，原木结构房屋的温暖感略优于胶合木结构房屋；三种天气状态下，两种木结构房屋的温暖感均在很大程度上优于钢混结构房屋，都获得了趋向温暖的评价。一方面是因为木材纹理和颜色能带给人温暖感，另一方面是因为木材具有调温调湿的性能。除此之外，木结构房屋墙体构造的节能保温性能也会使人感到温暖。

④两种木结构房屋给人的感官评价都明显优于钢混结构，在晴天状态下，原木结构房屋的感官评价要略优于胶合木结构房屋。这可能是因为气候对人的健康和情绪有不可忽视的影响。阴天和雨天可能会使人情绪低落，而胶合木结构房屋的木框架墙体内饰有着木质材料本身的花纹图案，而且木框架墙体还具有保温作用。研究表明，在墙体热工性能上胶合木结构房屋比木结构房屋更具优势。

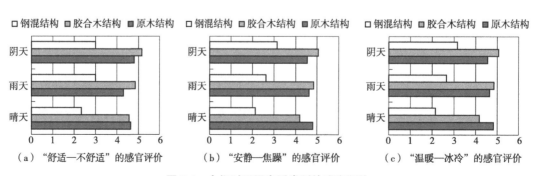

图3-1　人们对不同房屋类型的感官评价

（引自《木结构建筑居适环境的感知评价》）

3.1.2　心境状态评价

由 Grove 和 Prapavessis（1992）简化和发展，祝蓓里教授（1994）修订并建立的中国常用简式 POMS 心境状态量表（profile of mood state，简称 POMS）可以很好地反映人们的心境状态，被认为是一种研究情绪状态及情绪与运动效能之间关系的一种良好工具。POMS 量表以平均数 ± 标准差表示各分量表得分，可以对数据进行描述性统计、均值比较、方差分析、多重比较等分析。

研究案例：

实验利用 POMS 量表对三种天气情况下，人们在不同房屋类型中的 POMS 变量进行统计分析，其结果平均数见表 3-1，不同房屋类型对心境状态的影响比较见表 3-2。

通过方差分析发现，POMS 的各分量表在性别、天气、房屋类型上均存在显著差异，其中精力、自尊感、TMD 在不同性别之间表现出的差异相当显著（$P < 0.001$）；紧张、慌乱两个因素在不同天气下存在显著差异（$P < 0.05$）；POMS 量表的每个因素得分在不同房屋类型上都表现出了显著的差异性。

表 3-1　三种天气情况下不同房屋类型的 POMS 变量平均数（M ± SD）

组别		各分量表							
		紧张	愤怒	疲劳	抑郁	精力	慌乱	自尊感	TMD
晴天	原木结构（n=20）	0.6 ± 1.314	0.05 ± 0.224	0.35 ± 1.137	0.4 ± 0.821	12.15 ± 6.991	0.75 ± 1.333	7.35 ± 4.626	82.65 ± 10.614
	胶合木结构（n=20）	0.5 ± 1.395	0.25 ± 1.118	0.75 ± 1.888	0.45 ± 1.605	11.2 ± 7.186	0.65 ± 1.348	8.15 ± 5.163	83.25 ± 12.333
	钢混结构（n=20）	1.9 ± 2.845	0.85 ± 1.954	2.7 ± 4.508	1.3 ± 2.13	6.65 ± 5.461	2.05 ± 2.585	4.95 ± 3.546	97.2 ± 13.446
阴天	原木结构（n=20）	0.25 ± 0.91	0 ± 0	0.25 ± 0.786	0.1 ± 0.308	11.8 ± 7.764	0.5 ± 1.573	8.55 ± 5.276	80.75 ± 13.146
	胶合木结构（n=20）	0 ± 0	0 ± 0	0.1 ± 0.308	0.1 ± 0.38	13.1 ± 8.11	0.25 ± 1.118	8.8 ± 5.406	78.55 ± 13.663
	钢混结构（n=20）	0.6 ± 1.392	0.55 ± 2.235	1.85 ± 2.943	0.85 ± 2.455	7.7 ± 6.49	0.4 ± 1.273	5.05 ± 4.224	91.5 ± 15.766
雨天	原木结构（n=20）	0.3 ± 0.47	0 ± 0	0.45 ± 1.146	0.05 ± 0.224	9.3 ± 4.791	0.35 ± 0.489	7 ± 4	84.85 ± 8.349
	胶合木结构（n=20）	0.05 ± 0.224	0 ± 0	0.15 ± 0.489	0.1 ± 0.447	12.2 ± 6.638	0.15 ± 0.489	8.6 ± 4.717	79.62 ± 11.032
	钢混结构（n=20）	0.9 ± 1.774	0.4 ± 1.789	1.85 ± 2.777	0.9 ± 1.651	7.15 ± 5.575	1.6 ± 2.761	4.35 ± 3.87	94.15 ± 12.575

表 3-2　不同房屋类型对心境状态的影响比较

房屋类型	心境状态							
	紧张	愤怒	疲劳	抑郁	精力	慌乱	自尊感	TMD
原木结构	−0.75**	−0.58**	−1.78***	−0.83**	3.92**	−0.82**	2.85***	−11.53***
胶合木结构	−0.95***	−0.52*	−1.80***	−0.80**	5.00***	−1.00**	3.73***	−13.80***
钢混结构	—	—	—	—	—	—	—	—

注：1. * 为 P<0.05，** 为 P<0.01，*** 为 P<0.001，均与钢混结构比较；

2. 表中数值代表均值差异；

3. TMD 为情绪纷乱总分。

表 3-1 是不同房屋类型与 POMS 量表中因素之间的多重比较。结果显示，对于紧张因素，原木结构得分相当显著地低于钢混结构（$P < 0.01$），胶合木结构得分极其显著地低于钢混结构（$P < 0.001$）；对于愤怒因素，原木结构得分相当显著地低于钢混结构的房屋（$P < 0.01$），胶合木结构得分显著低于钢混结构（$P < 0.05$）；对于疲劳因素，原木结构得分极其显著地低于钢混结构（$P < 0.001$），胶合木结构得分极其显著地低于钢混结构（$P < 0.001$）；对于抑郁因素，原木结构得分相当显著地低于钢混结构（$P < 0.01$），胶合木结构得分相当显著地低于钢混结构（$P < 0.01$）；对于慌乱因素，原木结构得分相当显著地低于钢混结构（$P < 0.01$），胶合木结构得分相当显著地低于钢混结构（$P < 0.01$）；对于精力因素，原木结构得分相当显著地高于钢混结构（$P < 0.01$），胶合木结构得分极其显著地钢混结构（$P < 0.001$）；对于自尊感因素，原木结构得分极其显著地高于钢混结构（$P < 0.001$），胶合木结构得分极其显著地高于钢混结构（$P < 0.001$）；对于 TMD 总分，原木结构得分极其显著地低于钢混结构（$P < 0.001$），胶合木结构得分极其显著地低于钢混结构（$P < 0.001$）。

综合比较结果可以看出，人们处于原木结构和胶合木结构房屋时，更多地表现出积极情绪（精力、自尊感），其中人们处于胶合木结构房屋时的心境状态略优于原木结构房屋。人们处于钢混结构房屋时会出现不良的心境状态（紧张、愤怒、疲劳、抑郁、慌乱），且不良心境的表现程度显著高于原木结构和胶合木结构房屋。由此可见，木结构建筑房屋的居住环境能够让人消除一些不良心境，保持良好的心境状态。虽然人们长时间的居住生活、工作在钢筋混凝土构造的房屋中，看似已经适应了这样的生活环境，但是，人们承受着各种压力在钢筋混凝土的环境之下却无法放松精神。而木结构建筑可以调节情绪、缓解工作压力、陶冶情操，可有效促进人们的身体健康，并获得精神上的提升。所以，木结构建筑不但能满足审美需求、体现文化内涵，而且可以节能减排、居住环境也有利于人的健康，同时进一步提高了人居环境的品质，实现了人文、社会、自然环境效益的和谐统一。

通过对不同房屋类型环境的感官评价和心境状态评价，针对主观心理环境评价得出以下结论：

①人们在不同天气环境状态下处于不同房屋类型环境中时，对于原木竹结构和胶合木竹结构房屋的舒适性评价、安静评价、温暖感评价均很大程度地优于钢混结构房屋。

②在阴天和雨天状态下，对胶合木竹结构房屋的舒适性评价、安静评价、温暖感评价要优于原木竹结构房屋；在晴天状态下，对原木竹结构房屋的舒适性评价、安静评价、温暖感评价略优于胶合木竹结构房屋。

③人们处于原木竹结构和胶合木竹结构房屋时，更多地表现出积极情绪（精力、自尊感），其中人们处于胶合木竹结构房屋时的心境状态略优于原木竹结构房屋。人们处于钢混结构房屋时会出现不良的心境状态（紧张、愤怒、疲劳、抑郁、慌乱），且不良心境的表现程度显著高于原木竹结构和胶合木竹结构房屋。

④为开创绿色、健康、永续的居住环境，应加强人们对木质材料等天然生物质材料的利用，并通过情感的动力功能和心理、生理机能的变化来促进现代木竹结构建筑在实际生活中的应用。

3.1.3　认知度调查

木竹结构建筑作为一种建筑类型，与当下常见建筑形式（瓦构、砖混、钢筋混凝土等）大相径庭。为了准确把握当前人们对木竹结构建筑的认知度和评价，进一步加强人们对木竹结构建筑产品的认识，提高木结构建筑对人们生活的影响力，本书采用问卷调查的形式，利用网络调查系统针对全国各地的消费者进行了随机调查。

研究案例：

被调查人员共计 297 人，全部为中国人，其中 164 名女性，133 名男性。年龄包括 18 岁及以上，大多数集中在 18~30 岁、31~40 岁，分别占调查总人数的 62.29%、33.67%。被调查人员中硕士学历所占比例最高，达 37%；其次是大学本科，占 33.67%；中学及以下占 1.68%。个人家庭月收入大多在 5000 元以下及 5000~10000 元，比例分别为 42.42%、41.75%。

被调查人员从事不同的行业，均为无偿自愿参与。填写调查问卷的时间与速度不限，匿名完成调查问卷。调查问卷内容涵盖被调查人员的性别、年龄、学历、收入，以及有关人们对木结构建筑的认知程度和评价的相关问题。调查结果如下（图3-2）：

①大多数人群对木结构住宅的认知度和了解程度不高，更不了解木结构住宅的几种基本形式和相关性能。大多数人群对木竹结构住宅的安全性能持怀疑态度，更不了解木结构住宅给人体带来的益处。人们更关心木结构住宅在推广中的成本价格问题、技术问题等。这都说明木结构建筑在中国的发展还处于起步时期，政府以及相关管理部门的宣传力度、支持力度不够大。

②对于木结构住宅的环境，大多数人重视其室内环境品质、区域基础设施的建设、房屋的安全舒适性、耐久性、经济性；对于材料资源，人们更关注水资源和土地资源的利用情况；对于建筑能耗，人们更重视建筑设备、系统的高效化利用；对于宜居性，人们更追求木竹结构住宅的健康性、舒适性，要满足心理、生理的需求。

③木结构住宅及房屋产品在国内的发展不能单一定位于高档别墅住宅，要向中国小城镇及新农村推进，定价要让多数消费者可以承受。应持续不断地加强木竹结构房屋产品的市场推广和宣传，加强研究，推出多样化产品，向相关的休闲产业、旅游产业靠拢。形成木结构产业文化、木结构产业链，转变消费者的传统观念，加强人们对木结构居住生活理念的认知，让木结构住宅能够更好地为中国人造福。

3.2 感觉特性

随着木材工业的发展，充分利用木材资源生产的工程木产品，为木竹结构建筑的发展奠定了基础，强化了其他材料无法匹敌的绿色节能优势，成为建筑发展的潮流趋势。同时，木质材料构造的建筑居住环境以其物理或化学特性作用于人，给人以良好的感觉和知觉，从而影响人们的生理和心理活动。

作为人类最早开始利用的主要材料之一，木材这种天然材料避免了钢混结构的冰冷感和沉重感，使建筑物具有亲和力，且可与环境充分融合。木材因其

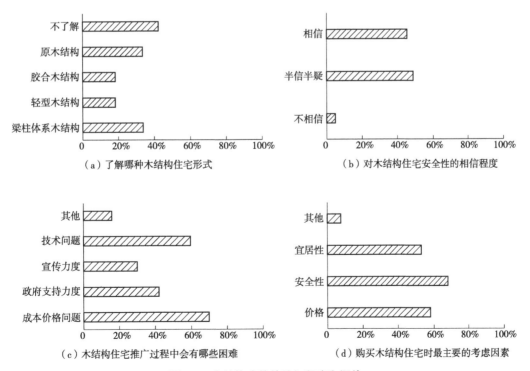

(a) 了解哪种木结构住宅形式　　　　　(b) 对木结构住宅安全性的相信程度

(c) 木结构住宅推广过程中会有哪些困难　　(d) 购买木结构住宅时最主要的考虑因素

图3-2　木结构建筑的认知程度和评价

（引自《木结构住宅的认知度及环境评价分析》）

天然丰富的纹理图案、温暖的色泽一直深受人们喜爱，是我们生活环境中不可替代的一部分。木竹结构建筑是人类重要的建筑形式之一，研究其对人的影响形式，可以更好地了解、应用以及发展木竹结构建筑。从视觉、听觉、触觉、嗅觉和综合感觉特性出发，探讨木竹结构建筑如何从多方面满足人的生活需求。

3.2.1　视觉特性

视觉是人接受外界刺激信息最主要的途径，人类接受的外界信息大约 80% 是经过视觉获取的。视觉不止与瞳孔相关，人眼视觉系统（human visual system，HVS）具有强大的信息处理能力，是较复杂的信息数据处理系统。其对图像进行的感知过程类似于信号的处理过程，主要包括：人眼光学系统、视网膜、视觉通路（图3-3）。人接收到图像刺激，采集光信号，在视网膜形成图像，神经细胞接收到光信号的刺激，将其转换为生物电信号，经传递细胞到达视觉中枢，对信息进行处理，得到主观感知的图像，人们通过视觉系统形成对身边事物的认知（赵树梅，2020）。

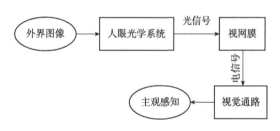

图3-3　视觉系统的组成

（引自《基于人眼视觉特性的红外图像增强算法研究》）

3.2.1.1　人眼的结构

人眼的结构如图3-4所示，大致呈球状。它由三层透明膜体包覆组成，外层是角膜、巩膜，中层是睫状肌、脉络膜、虹膜，内层是视网膜。光线穿过角膜进入到虹膜到达中央的瞳孔；然后穿过瞳孔进入水晶体，通过睫状肌来调整曲率；最后在视网膜上聚焦，完成最终成像（赵树梅，2020）。

视网膜作为外界光信号的最终接收、传输器官，决定了人眼视觉机制的感知特性。视网膜接受映像主

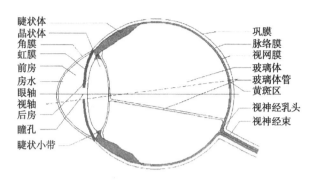

图3-4　人眼基本结构模型

要靠视网膜的感光细胞层，主要是视锥状细胞和视杆细胞。视锥细胞位于视网膜中央凹陷区，具有敏锐的感光、变色能力，在明亮环境受到光刺激，可辨识图像细节纹理、颜色，形成了明视觉。视杆细胞位于视网膜周边区域，感光阈值低，在暗光环境下较敏感，形成了暗视觉（赵树梅，2020）。

视力是指在通常的亮度范围内眼睛观看及分辨物体的能力，即能够充分发挥视网膜中心锥状体作用时的视力。视力受环境亮度的影响很大，因为许多感光细胞只有当亮度达到一定程度时才能发挥作用。视力上限取决于眼球水晶体的光学限度和感光细胞的数量限度。

眼球不动可看到的最清晰鲜明的映像范围为 2° 左右，这个范围的视觉称为中心视觉。当稍微偏离中心，视力就急剧下降，只能模糊感知到周围的视觉，称为周边视觉。对暗处视力而言，偏离中心 5° 左右为最高，这恰好处于杆状体的视力范围。杆状体虽然不能精确地分辨物体，但是可以大略地探察暗处有没有物体。在这种情况下，周边视觉的视力比中心视觉的视力更加重要。

3.2.1.2　色知觉

当人们第一眼看见物体色彩时产生的感觉称为色彩知觉，人眼对不同色彩的感知不同，对同一色彩在不同环境下的感知也不同。

色相是色彩的基本属性，是区别色彩的最准确标准。色相的特征取决于光源的光谱组成以及有色物体表面反射的各波长辐射的比值给人眼带来的感觉。眼睛对不同色彩的知觉不同源于对不同波长光的感受性不同。眼睛能够感觉到的光的波长范围约

为 380~780nm，通常亮度下人们能够区分红、橙、黄、绿、蓝、靛、紫 7 种颜色。在明亮处眼睛对波长为 555nm 的黄绿色光的感受性最高；在昏暗环境下，人们对波长为 510nm 的绿色光的敏感度最高，对波长为 650nm 以上的红光则完全没有感觉。

除了色相，人眼对色彩的感知还受到明度的影响。色彩的明度是指色彩的明亮程度。即使色彩色相一致，它们反射光量的区别也会产生颜色的明暗强弱，进而影响人们对色彩的感知。色彩的明度有两种情况区别：一是同一色相不同明度；二是各种颜色的不同明度。日常生活中明度和光泽度密不可分，光泽度提高，反光率随之提高，进而人们感知到物体的明度提高。光泽度会影响人们对物体的光滑、软硬、冷暖及其相关特性的判断。光泽高且光滑的木材，硬、冷的感觉较强，当光泽度曲线平滑时，温暖感就强一些。物体色彩明度与其环境明度的对比也会影响人们对色彩的感知。若物体色彩的明度和环境明度相差较大，则物体的认识性和可读性较高。

3.2.1.3 视觉适应性

人的感觉器官在外界条件刺激下，其感受性会发生一定的变化，敏感性会逐渐降低，感觉变弱，而在去除外界强烈刺激后，感官的灵敏度会逐渐恢复。这一方面是为了保护感觉器官免受来自过强刺激的损害，并具有对极弱刺激的敏感反应能力；另一方面，在面对不同强度的刺激时，能够对之进行正确的比较。这种感觉器官感受性变化的过程及其变化达到的状态称为适应。通常感觉产生适应越快，其灵敏度恢复越快。

视觉的适应性主要分为暗适应和明适应。人的眼睛从亮处向暗处转移过程的适应称为暗适应，由暗处向亮处转移过程的适应称为亮适应或明适应。在适应过程中视锥细胞和视杆细胞之间进行相互转换需要一定的时间，这个时间称为适应时间。根据视觉适应中明适应和暗适应的区别，适应时间也分为明适应时间和暗适应时间。当人们从亮环境突然进入到暗环境中，就会产生由突然看不清楚到经过一段时间又逐渐看得清楚的变化过程，期间经历的时间称为暗适

应时间。暗适应在最初 15 min 内视觉灵敏度变化很快，以后就较为缓慢，半小时后灵敏度可提高到 10 万倍，但要完全适应需要 35~60 min。相应的，明适应时间则是从暗到明的适应过程所需要的时间。相比于暗适应时间，明适应时间较短，约 2~3 min（图 3-5）。

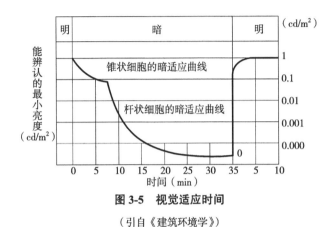

图 3-5 视觉适应时间

（引自《建筑环境学》）

3.2.1.4 视野

观察者头和眼球都保持不动，正视前方所能察觉到的空间范围称为视野。视野的大小和形状与视网膜上感觉细胞的分布状况有关，可以用视野计来测定视野的范围。

视野分为单眼视野和双眼视野。单眼视野即单眼的综合视野，在垂直方向约有 130°（向上 60°、向下 70°），水平方向约有 180°。双眼视野即双眼同时看到的范围，双眼视野在垂直方向与单眼相同，但在水平方向要小一些，约有 120° 的范围。

在视轴 1° 范围内具有的最高视觉敏锐度，称为"中心视野"。在此区域内，人眼能分辨最细小的细部细节。但在此范围内杆状细胞不参与视觉感应，故在黑暗环境中该范围不产生视觉。从中心视野往外 30° 的范围，视觉清晰度较好，称为"近背景视野"，这是观看物件总体时最有利的视野。

人们对各种颜色的视野大小也不同，绿色视野最小，红色较大，蓝色更大，白色最大。因此在偏离中心视野时，绿色和红色容易分辨不清。这种情况主要是由于感受不同波长光线的锥体细胞比较集中于视网膜所致。

3.2.1.5 研究案例

（1）木材视觉物理量

①材色：木材或木材纹理的颜色取决于木材组成成分对可见光中不同波长光波的吸收和反射性能（陈潇俐，2006），其组成成分主要是指木材的木质素与沉积于细胞腔和细胞壁内的抽提物（毛菁菁等，2020）。颜色是木材表面视觉性质中最为重要的特征，与木制品、木质环境的质量评定息息相关，对木材材色进行定量测量和表征是研究的重要基础。木材作为一种天然高分子有机物，含有大量的木质素、半纤维素、纤维素，其材色主要受大量位于木质素中的羰基、苯环、乙烯基等发色基团，以及少量黄酮、木酚素等基团的影响。国际照明委员会基于心理物理学方法，经过大量试验，建立了一定的颜色空间与标定系统的颜色物理模型，称为表色系统或色度空间。至今已有的表色系统主要有：CIE 标准色度系统、孟塞尔表色系统、奥斯瓦尔德标色系统等。在生产和研究工作中应用于固体色测量较多的表色系统是 CIE 1976 L*a*b* 均匀颜色空间系统、孟塞尔表色系统和 HSI 表色系统。下面对 CIE 1976 L*a*b* 色空间系统进行介绍。

CIE 1967 L*a*b* 均匀色空间系统是用于非自照明的颜色空间。这个颜色空间与颜色的感知更均匀，并且给了人们评估两种颜色近似程度的一种方法，允许使用数字量 ΔE 表示两种颜色之差，是目前应用最为广泛的测色系统。以明度 L* 和色度坐标 a*、b* 来表示颜色在色空间中的位置。L* 表示明度或亮度，取值范围为 0~100；a* 表示颜色从红到绿的变化，取值范围为 –128~127，正值越大表示越偏向红色，负值越大表示越偏向绿色；b* 表示颜色从黄到蓝的变化，取值范围为 –128~127，正值越大表示越偏向黄色，负值越大表示越偏向蓝色（毛菁菁 等，2020）（图 3-6）。

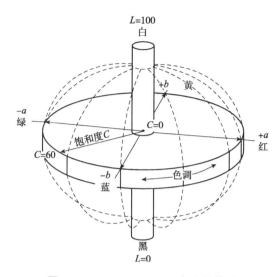

图 3-6　CIE 1976 L*a*b* 色空间体系

其相关参数的计算式为：

$$\begin{cases} L^*=116(Y/Y_0)1\beta-16 \\ a^*=500[(X/X_0)1\beta-(Y/Y_0)1/3] \quad (Y/Y_0)>0.01 \\ b^*=200[(Y/Y_0)1\beta-(Z/Z_0)1/3] \end{cases}$$

据学者实验统计结果显示，针叶材的测量值大多集中在 L* 和 b* 值较高的范围，并且针叶材在 a* 坐标轴的分布范围也比阔叶材窄。针叶材的材色极大部分处于浅色和高明度，偏重于橙黄色和浅黄白色。阔叶材的材色测量值分布在较宽的空间范围内，相对于针叶材材色明度更低，颜色更深，这和阔叶材具有更多抽提物有关。但绝大多数树种的 a* 和 b* 值分布在 0 以上的范围，明度分布在 40 以上的范围。

②木材的光反射特性与光泽度：木材的光反射包括表层光反射与内层光反射。当一束可见光照射到物体表面之后，在空气与物体界面上反射的部分称为表面反射；还有一部分进入内层，在内部微细粒子间形成漫反射，最后再经过界面层形成反射光，这部分称为内层反射。

木材是以细胞为结构单元的复合体，经过切割后细胞腔裸露，能够将光线向各个方向折射，形成漫反射现象，使反射光线变得更加柔和。此外，不同波长的光会影响木材的光反射率。如木材对波长 330nm 以下的光线的反射率在 10% 以下，对波长 780nm 以上的光线反射率能达到 50% 以上。因此，木材能够大量吸收紫外线、反射红外线，能够有效提高室内温暖感。

有学者研究表明，木材相比于金属、瓷砖等材料，光反射率要低得多。不锈钢板、平板玻璃会形成定向反射且峰值很高，说明经它们反射的光线为定向强光泽；几种木材表面光泽度的分布范围略广一些，且峰值远远低于不锈钢板和平板玻璃，说明木材反射出的光更加柔和。

木材的平整表面具有光泽，来自木材对光的反射作用。由于木材的各向异性，其横切面几乎没有光泽；弦切面稍显光泽；而径切面上由于木射线组织的光反射作用，具有较好的光泽。正是这种表面光学性质的各向异性，构成了木材独特的视觉特性和美感。

③木材纹理：木材纹理是在其天然生长过程中，由生长轮、木射线和轴向薄壁组织等结构或分子相互交织而成。由于木材的各向异性，在不同切面上呈现不同的木纹。常见的弦切面上，木纹表现为一些平行但不等间距的线条。由于外界环境变化形成的天然纹理，其深浅和起伏变化表现为自然规律中的协调变化，赋予木材流畅、富有生命力的视觉心理感，给人轻松自然的感觉。

根据切面位置的不同，木材的纹理主要表现为3种形式：一类是在木材的横切面上，呈现同心圆状花纹，即通常所说的"年轮"；一类是在径切面上，呈平行的条形带状纹理；还有一类是在弦切面上，呈抛物线状山水花纹。研究表明，木材纹理同人的心理感受具有很强的耦合关系，其独特纹理是木材区别于其他材料的主要特征。

（2）木材视觉心理特性

从材色上看，绝大多数树种的材色都在橙色系内，属于暖色，易给人温暖亲切的心理感受。部分材色偏深，呈暗红色，易使人形成古典豪华的心理感受。从纹理上看，木纹是受到自然环境影响天然形成的纹理，其纹理线条和颜色深浅都自然流畅，能够给人舒适自然的感受。除了木材本身的视觉特性，木材在空间中的使用率也影响着人的心理感觉。

据研究，当环境中木材的使用率在0%~45%范围内，温暖感的上值和木材使用率呈正比关系，超过此范围，其值随木材使用率的上升而下降；稳静感的下值随木材使用率上升而提高，但上值无明显变化，木材使用率在20%~70%时稳静感的评价值较好；舒畅感与木材使用率的相关性较低，因为舒畅感还受到图案、质地、家具等多方面因素的影响，木材使用率在40%~60%时舒畅感评价值较高，木材使用率过高过低都会使其值下降。

3.2.2 听觉特性

随着生活品质的提高，人们对建筑有着越来越高的声学环境要求。在进行建筑设计之初，就需要充分考虑到建筑的声学设计，例如如何隔绝外部噪音、如何降低内部噪音、如何优化人们需要听见的声音，种种问题都关系着一个建筑的成败。因此了解人的听觉特征，对于研究木建筑的声学性能至关重要。

3.2.2.1 耳的机能

人耳有三个部分：中耳、外耳和内耳。外耳捕捉声波并将其传导到中耳；中耳将空气中的声波转化为机械波，然后传导到内耳中的液体；内耳将压力波转化为大脑能够理解的声音信号。人耳的可听范围非常广阔，20~20000Hz的声波信号都可听到。人耳对1kHz的声压级最为敏感，20Hz以下称为超低频声，20000Hz以上称为超声波，人耳无法听见，但当超声波具有较高能量时，会引起生理上的不适反应。

任何人的听力都是不稳定的，都会随着年龄的增长而逐渐衰减。听力还和人们所处的环境有关。人耳的听觉上限一般是120dB，若是长期处于超过120dB的声音环境中会造成听觉器官的损伤，140dB的声音会使人失去听觉。

就声音对人的感受效果而言，分为乐声和噪声。规律的震动产生乐音，不同频率和不同强度的声音无规律地组合在一起就变成噪音。人如果长期受到噪音影响，听力也会有所下降。

3.2.2.2 空间声学基础

（1）基本物理量

振动是发音的基础，物体通过振动会引起介质有节奏的振动，使周围的空气产生疏密变化，形成疏密相间的纵波，这就产生了声波。

①频率和振幅：频率和振幅是描述波的重要属性。频率是单位时间内完成周期性变化的次数，其大小影响声音的高低。振幅是声压与静止压强之差的最大值，以分贝为单位。声波振幅的大小能够影响声音的大小。

②声功率和声强：声功率是指声源在单位时间内向外辐射的声音能量，属于声源本身的一种特性，单位为瓦或微瓦。声强是指声波传播过程中，单位面积波阵面上通过的声功率。

③声压级：声压指空气质点由于声波作用而产生振动时所引起的大气压力起伏。声压级通常用来反映声压的大小，单位为分贝。

（2）声波的反射，吸收和透射

①声阻抗与声反射：声阻抗是声波传导时介质位移需要克服的阻力。声阻抗越大则推动介质所需要的声压就越大，声阻抗越小则所需声压就越小。声阻抗、声压和体积速度三者之间的关系式为：声阻抗 × 体积速度 = 声压。

木材的声阻抗较空气高而比金属等建筑材料低，因此在对空间声学特性有一定要求的建筑物中，木材及其制品作为反射和隔声材料得到广泛应用。

②声吸收：声波在空气中传播时，由于振动的空气质点之间的摩擦而使一小部分声能转化为热能，从而出现声能随距离增加而逐渐衰减的现象。空气的声吸收通常会成为决定室内混响时间的重要因素。

③声透射：声波入射到建筑材料或建筑构件时，除了被反射、吸收的能量外，还有一部分声能透过建筑构件传播到另一侧空间去。声透射对构件的隔音效果有很大影响，构件的隔声量越小，隔声性能越差。

（3）驻波和共振

驻波为两个振幅、波长、周期皆相同的正弦波相向行进干涉而成的合成波。此种波的入射波和反射波相互干扰，波形无法推进，即无法传播能量。共振在声学中亦称"共鸣"，它指的是物体因共振而发声的现象。

3.2.2.3 研究案例

（1）木材的声学特性

①木质材料的吸声特性：材料的吸声性能受到声阻抗、流阻、孔隙率、厚度、密度、含水率、材料构造形式、饰面的影响。一般来说，坚实光滑的材料，如瓷砖、金属的孔隙率低，吸声系数小，而多孔性材料是常用的高效吸声材料。

木材内部具有大量的纤维腔，但皆为闭孔型，内部并不连通，声波很难进入到其内部振动摩擦，只能使木材的整体做振动。因而未经任何处理的实体木材的吸声效果并不理想，吸声率在各频率都达不到29%。因此，普通实体木材直接用作吸声材料并不合适。木质人造板的低频吸声性能要好于实体木材，这与它们的组成形态及粒片尺寸大小等有直接关系。常见木质材料的吸声能力大小顺序为：纤维板>胶合板>刨花板>实体木材。影响木质材料吸声性能的因素主要有板厚度、密度和表面有无涂饰。当板厚度增加时，吸声系数有增大趋势，并且吸声峰位向低频方向移动，但板厚度增加到一定程度后吸声系数趋于稳定。随密度的增大，木质材料的吸声性能有降低趋势，且吸声峰向高频域移动。涂饰对木质材料的吸声系数有降低作用，且纤维板涂饰后吸声性能的降幅比实木大。

②木质材料隔声性能：描述隔声性能的指标是隔声量，隔声量的值愈大说明隔声效果越好。隔声量可以粗略地理解为建筑构件相对两侧声音分贝数的差值。墙体在不同频率下的隔声量并不相同，一般规律是高频隔声量好于低频。建筑物中经常开启的部分，可以采用木材这类密度低、强重比高、有弹性和优越视触感的材料。实际工程中，通过改变木质构件的构造形式、固定方式、空气隔层等方式来影响木材的隔声能力。如常采用木材与其声阻抗差异很大的材料进行组合，用胶合板加蜂窝状松散材料夹层来提高门的隔声性能；适当地降低木板厚度并加入空气层，以提高隔声性能。

③木质空间混响：当声音在空间某一点产生时，就会在它的周围引起一系列声波，它们以声源为中

心，呈球形层层向外自由传播，当它们碰到墙面、地板等障碍物时，一部分声能被吸收，另一部分声能被反射。房间内由于声波的多次反射和折射，人耳会多次听到同样的声音。但由于多次反射的声音相隔时间太短，听者会认为其是声源所发出声音的延续，称之为混响。混响对音乐厅、剧院、礼堂这一类建筑物有重要意义。混响时间过长会影响声音清晰度，使其变得含糊不清；过短则音质较差，缺乏丰满度。

3.2.3　触觉特性

触觉是指分布于全身皮肤上的神经细胞接受来自外界的温度、湿度、疼痛、压力、振动等方面的感觉。触觉是人们感知环境的一种途径，直接影响人在环境中的舒适度。

（1）木材触觉特性

①冷暖感：

a. 木材热物理学参数：比热容，表示材料单位质量温度升高或降低 1℃ 所吸收或放出的热量，简称比热，通常用符号 C 表示。木材是多孔性有机材料，其比热远大于金属材料，但明显小于水。研究表明，木材的比热与温度、含水率等因子有较为密切的关系。绝干材的比热随温度的升高而增大，湿木材（含水木材）的比热随含水率的增加而增大。

导热系数，表示以物体两个平行相对面之间的距离为单位，温度差恒定为 1℃ 时，单位时间内通过单位面积的热量。导热系数用以表征物体以传导方式传递热量的能力或难易程度。导热系数越大的材料，其热量传递的速度越快，降低同一温度所用的时间也越短。木材的导热系数很小，属于热的不良导体。因为热量要传递给木材时，热流要通过其实体物质和孔隙两部分传递，实体物质中仅含有极少量易于传递能量的自由电子，而孔隙中空气的导热系数又远小于木材实体物质。

导温系数，又称热扩散率，是表征材料在局部冷却或加热的非稳定状态过程中，材料中各点温度趋于一致的能力，是决定热交换强度和传递热量快慢程

度的重要指标。导温系数越大，则各点达到同一温度的速度就越快。由于木材组织构造的各向异性，木材导温系数通常在顺纹方向远大于横纹方向，径向略大于弦向。

b. 木材接触的热移动及冷暖感：人体内部温度平均约 37℃，皮肤体表温度约 32℃。人在室温下与材料接触，若材料温度高于皮肤温度 0.4℃，即可产生温暖感；若材料温度低于皮肤 0.15℃，即可产生冷感。日本学者铃木正治测定了手指与木材、人造板等多种材料接触时的热流量密度，结果表明：金属的热流量密度为 $209.34\sim193.07W/m^2$，混凝土、玻璃、陶瓷等为 $167.47W/m^2$，塑料、木质材料等为 $125.6W/m^2$，羊毛、泡沫等为 $83.74W/m^2$。可见木材的冷暖感介于呈温暖感的羊毛、泡沫和呈冷感的金属、混凝土、玻璃、陶瓷之间。

②木材的粗滑感：由于木材细胞组织的构造特点，木材经刨切后有许多细胞腔裸露在表面，即使是砂磨后也存在微小的凹凸，因此加工后的木材表面并不完全平滑，而是具有一定的粗糙程度。木质材料表面的粗糙程度是由加工方法和木材的材质及纹理方向所决定的。用手触摸材料表面时，木材表面产生的摩擦阻力的大小及其变化是影响人们对表面粗糙度感知的主要因子，摩擦阻力小的材料其表面感觉光滑。

③木材的软硬感：作为一种天然多孔性高分子物体，木材能产生弹性变形，在外力作用下，相邻微纤丝分子链之间发生滑移，细胞的壁层相应变形；随外力的撤销，微纤丝分子链回归原位置，变形恢复。这使木材具有了较好的抵御冲击和吸收部分冲击能量的性能，所以铺设木地板、使用木家具可以使人感到安全舒适，减轻人们在行走时产生的肌肉疲劳。

（2）木材触觉综合分析与评价

当人们接触到某一物体时，这种物体就会产生刺激值，使人在感觉上产生某种印象。这种印象往往是以一个综合的指标反映在人的大脑中，一般常以冷暖感、软硬感、粗滑感这三种感觉特性加以综合评定。

根据各种材料在 WHR 坐标系的空间距离进行分

析得出聚类谱系图，多数木质建材被划归到第五类。木质建材的冷暖感偏温和，软硬感和粗滑感适中，能够以适当刺激引起人体良好的感觉，通过这种良好的感官刺激调节人的心理状态。

3.2.4　嗅觉特性

现代建筑大量地使用合成材料来进行装饰装修，造成了室内外空气质量问题，同时影响着人体的健康。木材里含有的芳香族化学物质会产生独特的气味，是木材区别于其他材料的重要特征。部分木制品也利用了木材的这种特性，如利用樟木制造樟脑丸以达到防蛀、驱虫的功效。

室内空间不同的气味会使人的心情产生不同的变化。气味主要是通过嗅觉感受传递到人类大脑形成的。嗅觉感受的主要研究内容是材料的抽提物质和有机挥发成分所散发出来的气味对人类生理和心理所产生的影响。

空气中存在浮游粒子状物质，其对人体的影响取决于粒子的性质和浓度。除生产现场外，室内空气中的浮游粒子主要是由粉尘、室内装修的残留物、衣服和书类的纤维等构成。室内粉尘大多源自衣服、被子、地毯的纤维和棉絮，其直径大约只有 $1\sim15\mu m$。室内粉尘的发生量因家庭差异较大，且随着季节的变化，花粉和霉菌也会潜伏入居室。在适宜的温度和湿度下，室内粉尘会成为螨虫的温床。因此，住在气密性较高的住宅内，患气喘和过敏性疾病的概率会增加。由于现代空调的频繁使用，室内空气通畅性不足，螨虫问题更加严重。装修材料中的壁纸、油漆类化学制品都含有不同程度的甲醛等有毒有害物质。有些化工材料在燃烧时会散发更强烈的毒气，可以使人窒息身亡。除此之外，在室内空气中，还有各种微生物在浮游，人流量越大空气中的细菌越多，污染越严重。

木材嗅觉特性在室内装饰材料中，木材除了给人一种自然感和美的享受外，还具有天然的香气，能够舒缓人的情绪。这种香气源于其抽提物中的"芳香油"成分，这种成分不仅有消除压力、促进睡眠的功能，对人类的健康也非常有益。据研究显示，木材是现代室内装饰材料中唯一具有天然香味的材料，依树种不同、含有的挥发成分和抽提物质的含量不同，还具有不同的香气与功用。

（1）防螨和杀虫、防腐抗菌

木结构住宅中，可以闻到木材的香气，有些气味具有除臭、防螨和杀虫、防腐抗菌的作用。比如，扁柏心材所散发出的香味对金色葡萄球菌、产气性杆菌及肺炎杆菌的生长有良好的抑制效果；杜仲和杉木的香味对产气性杆菌、葡萄球菌和绿脓打菌有很好的抑制作用；红桧心材对于大肠杆菌和金黄色葡萄球菌的抑制作用明显。此外，花柏中散发出来的松烯类化合物可以驱除蚊子。

（2）保健和调养

有些木材具有药用价值，所挥发出来的气味具有保健和调养功能。将木材的这种功能与特定的室内环境对应起来，对提高人们的工作效率、促进病人的恢复都有很大帮助。松木有消炎、镇静、止咳等作用；杉木会刺激大脑而使脑力活动更活跃；银杏可用于治疗高血压；竹子具有清热除烦的功效；冷杉能杀灭黄色葡萄球菌等。研究表明，长期居住在木构建筑中可以延长寿命，死亡年龄较居住于钢筋混凝土构造建筑中高 9～11 岁。木造率较高的住宅也能降低因肺癌、乳腺癌、肝癌和子宫癌等疾病带来的死亡率。

（3）除臭

有些木材的气味清爽，能带来轻快、舒适的感觉。因为有些木材精油具有除二氧化硫、氨气的功效，木材的气味还有除臭的功能。研究证明，扁柏、冷杉的叶油以及日本罗汉柏的精油对氨的除臭率达 90% 以上，对亚硫酸气体的除臭率达 100%。在卫生间、厨房、卧室使用樟木、柏木、杉木等能达到很好的净化空气效果。

3.3　感觉与空间尺度

尺度一般被定义为考察事物特征的范围，任何存在交互影响的行为都包含尺度的概念。人的感觉尺度即人们在与物、环境、他人发生交互作用时用来衡量事物的标准。另一方面，在室内和室外人都脱离不了空间，空间与人的交互作用极大地影响着人们的情绪，影响人们在发生行为过程中的感觉。由空间构成的环境是影响人们行为活动的重要因素。因此，了解人的感觉、空间尺度的定义和范围，有助于分析木结构建筑在设计制造过程中应当考虑哪些因素并加以规范，打造更适宜人们生活居住的木建筑。

3.3.1　感觉尺度

（1）视觉尺度

我们将眼睛到能够看清对象物的距离称为视觉尺度。视域是指能产生视觉的范围和界限。双眼的水平视域是208°；垂直视域约120°，以视平线为准，向上50°，向下70°。一般视线保持在视平线下10°的位置，以向下30°为舒适。

①水平视区：最佳视区为辨别物体最清晰的区域，其范围在10°以内，以1~3°为最优。瞬息区为在很短时间内即可辨清物体的区域，其范围在20°以内。有效区为集中精力才能辨认物体的区域，其范围在30°以内。最大视区为边缘物体模糊不清，需相当的注意力才能辨认的区域，当头部不动时其范围为120°，头部转动时其范围可扩至220°。

②垂直视区：最佳视区在视平线10°以下的范围内。良好视区在视平线10°以上和30°以下的范围内。最大视区在视平线60°以上和70°以下的范围内。

③视距与空间尺度感知：人在操作设备和用具时的正常观察距离称为视距。0.9~2.4m是普通谈话的距离，人们在这个范围内交流，能用普通的声调，可以抓住语气的细枝末节，看清谈话者的面部表情。12m为可以区别人的面部表情的最远距离。24m为可以认清熟人和观察质地细节的最远距离。60m为可以分辨熟人面孔、推测表情与材料类别的最远距离。180m为分辨人的性别与动作的最远距离。540m为可清晰看出人身体要素的最远距离。1600m为可

识别人类种别的最远距离。4800m为可感知人体光学存在的最远距离。

因为一些外在因素的影响，会使我们的视觉产生一些错觉，这些错觉会使视距发生不真实的改变，从而影响空间的视觉尺度。一般来说，视错觉有两种情况：一种是视觉感官的大小比实际尺度要小很多，另一种则是由于错觉产生的大尺度感。例如"虚实结合"形成对比，会产生视错觉。"虚"——缥缈、空灵，易于联想，缺少空间界定，会使人感觉视距被拉大；"实"则具体、厚实，易于被感知，会拉近视距。园林中建筑、山体、水体、植物都含有不可忽视的虚实因素。

（2）听觉尺度

①听觉感知与空间尺度：声音来自于物体的振动，声源在空气中振动时，使邻近的空气随之振动并以波动的形式向四周传播开来，当传到人耳时，引起耳膜产生振动，最后通过听觉神经产生声音感觉。人能通过听觉把握空间距离和方向，并间接了解空间界面的特性。例如听到流水声，人可以根据直觉判断声音的方向和远近，并判断出声音的来源可能是河流、小溪或瀑布。声音在不同介质中传播的速度不同，物理上可以通过声音的速度和时间来算出空间的距离，而人主要通过声音的强弱来判断距离的远近。例如，古代雾中航行的水手通过号角的回声可以判断悬崖的距离，科学家根据回声定位原理发明了声呐系统。

②听觉感知：正常会话为40~60dB；提高声音会话时为60~80dB；高声喊话时为80~100dB；难以进行会话时为100~115dB；无法进行会话时为115~130dB；无线电、电视广播的播音室为25~30dB；音乐室为30~35dB；医院、电影院、教室为35~40dB；公寓、旅馆、住宅为35~45dB；会议室、办公室、图书馆为40~45dB；银行、商店为40~55dB；餐厅为50~55dB。

③听觉空间尺度：豪尔德研究表明，会话的方便距离＜10ft（3.00m）；耳听最有效的距离＜20ft（6.00m）；可以进行单方向声音交流，双向会话困难的距离＜100ft（30.00m）；人的听觉急剧失效的距离

>100ft（30.00m）。

与此相应，1个人在面对不同数目人群时，谈话方式和空间大小也应有所变化：1个人面对1个人时，空间为1~3m²；1个人面对15~20人时，空间不大于20m²；1个人面对50人时，空间不大于50m²。

（3）嗅觉尺度

气味随时存在于空气中，清新的气味能带给人舒适的嗅觉体验，难闻的气味则会使人心情不悦。人们使用香水、香精来改善嗅觉环境是主动做出的抗污染措施。不同种类气味的嗅觉尺度也不同。根据豪尔德实测，嗅觉尺度可以分为以下四个等级：洗发、沐浴皮肤的气味所及距离为0~1.5ft（0~45cm）；性的气味所及距离为3ft（90cm）；气息和体臭所及距离为3ft（90cm）；脚臭所及距离为9ft（2.7m）。

（4）肤觉尺度

皮肤感觉是由触觉、压觉、痛觉、温冷觉构成的。触觉、压觉、痛觉以及温冷觉都需要通过零距离接触产生。人体有400万个触觉感受体，轻触一个物体我们就能感觉到温度、肌理。所以触觉是人类最直接、最敏感的感知方式。人可以通过触觉感受到物体大部分的表面特征和物理性状，如表面纹理、粗糙程度等。

3.3.2　空间尺度

空间是环境的一种三维概念范畴，一般通过人与人、人与物、物与物之间的位置、距离、比例关系来表现它的存在。

人与人的空间关系通常用距离来描述，即心理距离与空间距离。心理距离指的是个体对另一个体或群体亲近、接纳或难以相处的主观感受程度，表现为感情、态度和行为上的疏密程度。空间距离指的是陌生人之间保持的一定空间距离。这两种距离相辅相成、相互作用。环境中人与人之间的距离关系最终还是要通过空间尺度关系来体现。

人与物的空间关系体现在两个方面。一是以人的生理结构为基准的尺度关系，二是以人的心理感知为基准的尺度关系。人与物的关系不仅是物理空间中人与物之间的位置、距离、比例等，还有心理空间中人与物之间的亲近感、喜好度、舒适度等的相互作用。

物与物之间的空间关系也偏向主观。以人为基本出发点，不同空间和形成空间的实体带给人的感受不同。如让人在尺度巨大的空间生活，因为过大的空间，人们会感到恐惧、敬畏和无所适从；而让人在笼子一样的狭小空间中生活，人们会感到压抑、消极。物质空间一般都不是单独存在的，而是以空间序列的方式形成整体的空间系统。因此，空间又可以分为整体空间序列和单视场空间，整体空间由各个独立的单视场空间以各种不同的组合方式构成。

建筑学认为，"尺度是人类自身包括肢体、视觉和思维等衡量客观世界与主观世界相互关系的一种准则"。它是人根据自身的生理和心理知觉，以比例的形式来表达人与物、物与物之间一种量的关系。所以，尺度一般是人和物体之间关系的反映，只有通过人的感知才会体现空间的尺度感。即使客观因素存在，尺度仍经常受到个人主观因素的影响，通常被人所感知的不是它真实准确的大小尺寸、距离远近，而是对于人的主观而言的相对尺度。

个人空间是指围绕一个人身体的看不见界限而又不受他人侵犯的区域。个人空间的大小会影响人的心理感觉，大概可以分为舒服、保护、交流、紧张四类。当人们相互接近时具有一定的空间距离限制，在一定范围内人们会感到舒服，离得太近或者太远反而会导致不舒服的感觉，过度拥挤甚至会引起攻击行为。在交流空间中，不仅要考虑到语言的交流，也要考虑身体、面部表情等信息的传递。根据人们在不同场合对个人空间的不同需求，大致可以分为亲近距离、个人距离、社交距离和公共距离四种。

亲近距离（近程0~15cm，远程15~45cm），适于具有亲密关系的人群。在这个距离内，人们能够感知到对方的气味甚至体温，可以清晰地观察到对方的表情，捕捉对方的情绪。但在一些场合，人们即使并不亲密也不得不适应这一距离。例如，学生坐在教室听讲课或观众在电影院或者剧院里看戏。这种情况下，讲台或舞台会吸引人们大部分的注意，使其尽量忽略身边的人，减少交流。

个人距离（近程45~75cm，远程75~120cm），

它尽管不如亲密距离那么近，人们也很难忽略这个范围内的人的存在。在这个距离范围，人们能清晰地辨认出面孔和表情，观察到动作和细节，很难隐藏自己的情绪。

社交距离（近程 1.2~2.0m，远程 2.0~3.5m），其近程范围通常用在上流社交界，使人们能清楚看到对方的面孔，却不会给人以亲密感，多数情况下可以用正常音量进行交谈。更为商业的谈判场合就会用到远程距离，使人们能更专心于交谈对象，进行眼神交流。该距离内能够知道别人是否专心聆听、自己是否被对方理解或支持，适合研讨会成员坐下进行讨论。

公共距离（近程 3.5~7.0m，远程 7.0m），这个距离内人们可以忽视他人，有几种场合必须使用这种距离。例如，面向一群顾客进行产品介绍，面对学生进行学术报告，这时谈话者不仅声音要大，讲话的节奏和措辞也需有所不同。音乐会或舞台剧这一类规定角色和动作的场合也会用到这一距离。

在多数情况下，同一空间的人之间存在着不同的关系，因此他们采用的距离也是多重的。好的设计应该在不增加压力的同时促进所有这些关系。

3.4　行为特征

心理学家 K.Lewin 认为生活空间表示各种可能事件的全体，是在一定时候决定个体行为的全部事实的总和，包括人和环境，人则是一个"生活空间的变异区域"，即一个人的行为是其人格或个性与其当时所处情景或环境的函数。公式为：$B=f(P\times E)$。式中，B 为行为，P 为人，E 为环境。

3.4.1　行为影响因素

个体本身又受到"遗传""成熟""学习"等因素的影响，上式可概括为：$B=H\times M\times E\times L$。式中，$B$ 为行为，H 为遗传，E 为环境，L 为学习。心理学家将行为分解为刺激、生物体、反应三项因素研究，即 $S\rightarrow O\rightarrow R$。式中，$S$ 为外在、内在的刺激，O 为人体，R 为行为反应。刺激、人体、反应三项因素间的相互作用关系如图 3-7。

3.4.2　人的行为特征

（1）人的行为习性

①左侧通行：在国内一般的城市街区以及公路运输的交通规则都是右侧通行，这是为了遵守面对汽车而制定的交通规则；而在没有汽车干扰的道路和步行者转筒道路、地下道、站前中心广场等地，当人们步行时，可以看到自然地变成了左侧通行。一般的人流在路面密度达到 0.3 人 /m² 以上时，常采取左侧通行，而单独步行的时候沿道路左侧通行的实例则更多。在空间设计中应注重人左侧通行的行为惯性（曾曦，2006）。

②左转弯：在公园、游园地、展览会场等处，通过追踪观众的行为路线发现，人们左转弯的情况比右转弯多。这可能是人们普遍右侧身体力量较强，会下意识地保护左半侧身体。偏好左转的行为习性对于空间中楼梯的设计很有意义。当下楼时楼梯的方向构成左向回转的方式，则更会使人感到安全方便。并且从实测经验来看，人在左向回转楼梯的下楼速度更快（曾曦，2006）。

③捷径效应：在任何情况下，人们都不喜欢舍近求远。在清楚地知道目的地所在位置时或者有目的地移动时，人们总是选择最短路程。为迎合人们的抄近路意识，有的国家采取对角斜穿的方式设置十字路口处的人行横道斑马线来缩短路程；在过长的绿地留出适当的人行通道。人们在穿过某一空间时总是尽量采取最简洁的路线，因此空间的路线设计应尽量以"捷径效应"为穿插原则（曾曦，2006）。

（2）行为状态模式

人的行为模式从内容上分为秩序模式、流动模式、分布模式和状态模式。这是建筑设计和室内设计传统的模式化创作和分析方法（吴近桃，2003）。

人在空间中的每一项活动都是按照一定的顺序，静止只是相对和暂时的，这种活动都有一定规律性，即行为模式，该模式就是秩序模式。流动模式是将人的流动行为的空间轨迹模式化。这种轨迹不仅表示出人的空间状态的移动，而且反映出行为过程中的时

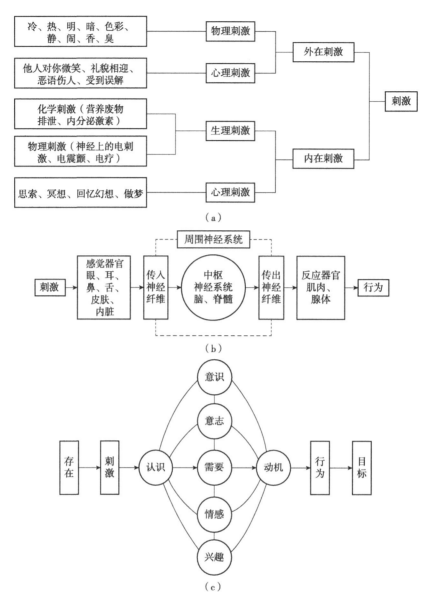

图 3-7 刺激、人体、反应间的相互作用
（引自《心理学纲要》）

间变化。这种模式主要用于对购物行为、观展行为、疏散避难行为等以及与其相关的人流量和经过途径等的研究。分布模式即按时间顺序连续观察人在环境中的行为，并画出一个时间断面，将人们所在的二维空间位置坐标进行模式化。这种模式主要用来研究某一时空中的行为密集度，进而科学地确定空间尺度。与前面两个行为模式不同，分布模式具有群体性，因此必须要考虑到人际关系这一因素。状态模式用于研究行为动机和状态变化的因素。在不同功能的室内空间中，人们都有一定的状态模式，而且这种状态模式会因人的生理、心理及客观因素的不同而不同（吴近桃，2003）。

现代空间设计越来越重视考虑人的需求，充分体现"以人为本"，而人的行为就是为实现一定的目标、满足不同的需求服务的。对人行为模式的研究可以看出，人在各类型空间中的活动都有一定规律，并且这些规律制约影响着室内空间设计的诸多内容，如空间的布局、空间的尺度、空间的形态及空间氛围的营造等，空间设计应该全面综合地了解这些行为规律并运用到相关内容的设计中去，以期创造出合理的满足人们物质与精神两方面需求的空间环境（吴近桃，2003）。

3.4.3　室内环境行为

（1）居室空间中的个人空间、领域性和私密性

①对个人空间的需求：任何动物都需要有自己的安全空间界限，这是对外界刺激有足够反应时间使自己处于安全状态的需求。个人空间就是不受他人侵犯的安全界限空间，个人空间随着人的移动而改变。只有拥有足够的个人空间，才能够使人拥有足够的安全感。个人空间的大小是随着环境场所及接触的事物变化的，可以反映出人和人之间的亲密度，就像情侣或者家人进入到自己的个人空间中，并不会引起不安的情绪（倪文融，2015）。

②居住的领域性：领域性空间与个人空间不同。领域性空间是有固定地点范围的，是指动物在自己活动休息场所周围的一个空间范围。人居住的领域性空间主要是指人们住宅及住宅周围走廊、小区环境的空间领域。它并不会像个人空间那样随着人自身的活动而发生尺度和方向上的改变。居住的领域性空间有些是自己的空间，例如自己的房间；有些是公共空间，例如走廊、楼梯及小区的公共设施。在生活中，人们因为缺少信任感而对自己的领域安全性有所顾忌，为确保自己领域性空间的安全，邻里之间很少进行交流。加强公共设施的建设，可以增加同楼或者同小区居民间接触和交流的机会，使邻里间建立起信任感，减少人与人之间的距离感（倪文融，2015）。

③居住的私密性：作为独立的个体，生活中所有人都需要有自己的私密空间，每个人都有不希望和他人分享的事情。当个体私密性受到威胁时，会面临很多不必要的麻烦，因此居住的私密性对每一位居住者来说都非常重要。居室空间的隔音性和遮挡性是居住者对私密性的基本要求。私密性即要求自己不受外界的干扰，也保证不去干扰其他住户。在居室的设计

中，应本着"公私分离""动静分离"的原则，尽可能保证室内用户互不干扰。就像客厅、卧室、厕所和书房等不同使用功能的空间，应具有不同隔音和视觉隔离的区分。当人们处于居室空间中时，希望视野开阔、自身不引起外部环境的注目，两个要求缺一不可（倪文融，2015）。

（2）衔接与过渡

为使两个交互的空间不产生突兀的视觉感受，室内设计中通常会在两个开敞空间中设计一个过渡的区域。过渡空间的作用一是实现空间转化，二是突出居住者个性。设计过渡空间不但可使空间看起来更有节奏感，还可对空间进行有效遮挡，使人身处空间中时不会一览无余，同时还会保护空间使用者的私密性。过渡性空间将两个空间柔性连接，在传递情感上也发挥了重要作用。过渡空间的设置应合理有效，且与空间的功能相结合，不可只为了隔离空间而独立存在，否则会给室内空间造成累赘感。我们应该注重设计后的空间形态给人的心理关怀，用变化的空间层次满足不同居住者的心理需求。空间中如果需要简单的没有实际功能需求的过渡空间，可选择一些轻巧简单的装饰或植物，美化环境的同时也能够烘托出较好的居室空间气氛。在过渡性空间的设计中，可通过色彩、材料、造型等因素来对其进行处理。如何避免空间的呆板，给居住者带来空间上的层次感是值得细致研究的重点（倪文融，2015）。

（3）节奏感与有序性

同音乐一样，空间也有其自身的节奏感。点、线、面是组成画面的关键，空间中不同的装饰装修就是空间节奏感的关键组成。在居室室内设计中，依据设计的主要风格和设计亮点，合理分配开阔空间与聚集空间，利用墙面、家具、灯具、植物、装饰品等进行合理设计和搭配，才能创造出具有节奏感的空间。在打造空间节奏感的时候，房间的造型、色彩、材质应该相互呼应，家具和装饰品的风格也应与整体风格相统一，使空间在视觉上让人感受舒服。空间的有序性是指空间中物体在时间和空间上的稳定性、规则性、重复性和因果关联性。居室空间设计应把握空间的节

奏感和有序性，两者相互结合，将其渗透到设计的每一个角落，从而找到空间搭配的最好规律（倪文融，2015）。

（4）从众与趋光性

从众心理是人在心理上追求归属感和安全感的表现形式，在居住空间中人们喜欢选择呆在人活动较多的客厅中，来使自己感到合群，从而消除孤单和恐惧的心理感受。趋光性属于人的本能反应，因为光会给人带来安全感。在黑暗中人的视觉观察力会下降，发生紧急情况时会失去判断力，此时光的引导会发挥重要作用。因此在紧急出口、走廊、楼梯等处都应设置方向引导。

人的从众和趋光性应该得到室内设计的足够重视。同时，安全性作为室内设计的重中之重，其中空间的流向性、消防及照明的导向性应为设计考虑的首要问题，与其配套的标识与文字引导也应受到重视（倪文融，2015）。

（5）居住的自我实现性

每个人都会对自己居住的居室空间有一个全面的认识。例如，空间在功能上是否满足自己的需求，对空间中的照明、颜色、通风、阳光等方面是否有不满。由于居住者在不同季节对居室空间的要求也不同，设计中也需要考虑外在环境对居室空间造成的影响。现在很多人都非常注重自己的生活品质，很愿意参与到室内设计中，从空间改造到家具的选择，居室设计应该给居住者充分的自我实现的空间（倪文融，2015）。

（6）居住心理的差异性

现代年轻人一般都希望有自己的私人空间，可以避免由于与老年人生活习惯的差异引起的相互干扰。由此形成了老年公寓和青年公寓两种不同的住宅套型居室。居住者生活习惯不同，对居室的要求也不同，相对应的小区设施也会和居住者的需求相关联。由于不同人在地域环境、文化背景、性格爱好等方面存在很大差异，即便是同一户型的不同居住者都会有着各自的心理需求。居住者的心理差异较大，相对应的行为模式也各不相同，千篇一律的设计并不适合所有人（倪文融，2015）。

3.4.4 公共空间行为

（1）户外活动类型

公共空间中的户外活动可以分为必要性活动、自发性活动和社会性活动。必要性活动是人们不得不完成的活动，如日常工作、上学等。它们在各种条件下都会发生，极少会被外在的客观环境因素所干扰或影响，在任何环境条件下都可能发生。自发性活动是使用者对客观环境的行为心理反应的最直接表现，只有在周围环境适宜时才会发生，是人们基于自身意愿发生的活动，很大程度上取决于公共空间的环境品质。高品质环境可促进人的部分自发性活动，反之则抑制。社会性活动指的是使用者相互之间共同参与的活动。它的发生是以必要性活动和自发性活动为基础，包括人在空间中的交流交谈、交往等活动（范露元，2016）。

（2）消费空间行为模式

在城市中心区公共空间里人的行为模式分为消费行为和非消费行为。消费行为是消费者为了获得所需要的消费资料和劳务而从事的物色、选择或购买和使用等活动（贾景，2011）。在商业中心区的消费活动主要包括购物和餐饮，其次是休闲娱乐活动，包括唱歌、看电影、游戏等，且这些活动大多发生室内。城市商业区除了为消费者提供优质的购物环境，还满足了消费者多种类型的消费行为，消费服务体系非常完善。非消费行为一般是人们在消费行为发生时或发生后所产生的行为，通常伴随着消费行为而发生（韦妙，2012）。主要包括行走行为、停留行为、感受行为和交往行为。在这一系列的非消费行为中除了行走行为和停留行为不能同时发生外，其他的行为都是可以同时发生且相互联系和影响（范露元，2016）。

①步行行走行为：又分为随机行走行为和目的行走行为。在城市中心区公共空间中，随机行走指的是人们无明显消费目的，步伐走走停停的缓慢行为，其具体行走路线与城市中心的消费吸引有很大关系。有目的的行走行为是消费者被消费目的所引导的步行行为，一般会选择就近路线，周围环境对该行为模

式影响较小甚至没有影响。无论哪种步行行走行为，最后由于消费者的体力限制，都会使其产生疲劳。为了缓解消费者的疲惫感，在对空间环境进行设计时应尽量有意识地使步行空间或周围环境布置趣味化、丰富化，达到步移景异的效果，从而使消费者产生新鲜感，增加他们的愉悦感，从而缓解身体和审美疲劳（范露元，2016）。

②休憩停留行为：人们在公共空间活动时，长时间行走会带来身体疲劳感，因此需要在某区域中驻足休憩。或者是遇到感兴趣的物品，碰到需要交流的人等突发情况时就会产生驻足停留行为。这些行为可能是偶然发生，也可以通过公共空间的环境设计故意引导使用者产生。比如一些新颖的景观，可能会引起使用者停留观看；又或者是休憩设施的设置，在增加空间舒适度的同时缓解了使用者的身体疲劳，引发使用者的交流交往活动（范露元，2016）。

③交往活动行为：人们在公共空间中可能会和熟悉的人进行交流交谈。交谈可能是发生在与同行者之间，也可能发生在偶遇的熟人之间，还可能发生在陌生人之间。除了交流交谈还可能会产生一些活动，比如休闲娱乐活动、健身活动等。一个好的公共空间必然会引发使用者的交往交流活动，而空间各种景观要素的设计都会直接或间接地促进或抑制这些活动的发生（范露元，2016）。

4

木竹结构建筑室内环境

随着现代工业和科学技术的发展，人类改造自然的能力无论从深度、广度上还是从速度、强度上，都有了突飞猛进的发展。然而，人类的破坏力也远远超过了历史上的任何一个时期。人类对待环境不恰当的行为，导致了严重的环境问题。全球气候变暖的一部分原因就是建筑在建造和使用过程中产生了有害物质，所以建筑的环保性备受关注。许多国家开始探索如何实现建筑的生态、环保，"绿色材料""绿色建筑"等名词出现，现代木竹结构建筑应运而生。木材作为绿色建筑材料，更能顺应当下环保主题，也更能满足人们健康生活的需求。

在我国，木竹结构建筑的应用早在原始社会就已经开始，不仅是因我国木质资源材料丰富，还因为木材本身具有的强大适应性和建造时的高度灵活性。另外，古人有"不求原物长存"的观念，建筑如同车、衣、器皿一般，时得而更换之，以致古代建筑从皇家宫殿到普通民宅都以木材为主要建筑材料。现代木竹结构建筑不再是简单的休憩空间，在考虑以木材作为建筑材料的灵活性的基础上，更加注重建筑所具备的健康、环保、节能、舒适等特性，同时侧重木材的建筑环境与人体的关系。

对木竹结构建筑的室内环境进行系统研究始于20世纪80年代中期。日本学者在这方面的工作做得比较早也比较多。他们已对木竹结构建筑环境与人民生活各个方面的关系进行了一系列的研究，如木竹结构环境对人体各种感觉器官的刺激效应；木竹结构住宅与人们寿命、疾病的关系；木竹结构住宅与儿童健康关系；木竹结构住宅与节能的关系等。每年一度的日本木材学大会已将木质环境科学作为一个分组专门加以讨论。中国和德国的一些专家学者也在这方面进行着研究工作（周晓燕 等，1998）。

综合国内外对木建筑环境的研究工作，主要包括三个方面：一是木质材料对环境物理条件的影响（包括温度、湿度、声、光、色、空气质量等）；二是木质材料对人体感觉器官的刺激效应（如触觉、视觉、听觉和嗅觉）；三是木质材料构成的室内环境对人类居住性的综合效应（如木制住宅与人类寿命、疾病、儿童成长等的关系）（周晓燕 等，1998）。

4.1 人体与环境

环境与人体是生物发展史上长期形成的一种相互联系、相互制约和相互作用的关系。由于客观环境的多样性和复杂性、人类对环境特有的改造和利用以及环境的主观能动性，使环境和人体呈现出极其复杂的关系。根据现代科学的研究，许多疾病与居住条件密切相关。深入研究环境与人体的关系，阐明他们之间相互关系的规律，对于更好地利用环境、清除污染、预防疾病、增进健康，具有十分重要的意义。

4.1.1　感觉特性影响

在居室中人们用全身来感知居住空间，人的眼睛、耳朵、皮肤、鼻子可以感受空间的形状、色彩、声音、触觉和气味。木材的外观优美、色泽多样，带给人舒适的视觉享受；木材四季温度相近、软硬适当、富有弹性，给人以良好的触觉；用木质材料装饰住宅，回声小、隔音效果佳，使居住环境安静舒适；木材散发出的香气可以使人神经放松，利于健康。所以木质环境对人体有积极影响。

4.1.1.1　视觉

人们在选用木质材料进行室内装饰时，十分重视木质环境的各组成因子对人体身心健康的影响。木质材料的视觉环境学特性之间存在着许多共性与不同。有些木质材料的材色接近、光泽相当、纹理图案相类似；有些木质材料在视觉指标上品质优异，在另一些指标上却存在较大缺陷。因此评价木质材料视觉环境学特性间的差异要综合考虑木质材料的材色、光泽、纹理、木材率及各木质材料组合后构筑的综合环境学品质等方面的内容。不同材料在各项指标上的性能不同，给人们对木质材料及其环境学特性的综合评价带来了较大困难，使人们难以定量地比较判断两种木质材料的视觉环境学特性，进而造成人们难以决策选择，给人们在日常生活中选择利用木质材料带来不便。因此，制定一套科学合理的木质材料视觉环境综合评价体系十分重要。

目前，对木质材料视觉环境评价的研究仍主要集中在对木质材料各项视觉环境学特性指标的评定上，借助各种仪器设备检测出木质材料的一些视觉环境学特性指标的表征数值，将这些指标与人的主观经验相结合，用以评价木质材料的视觉环境学品质。由于对木质材料进行视觉环境评价的主要目的在于帮助人们根据评价结果选择开发木质材料，因此评价过程中既要参照实际的检测数值，也要考虑到人们自身的主观感受，这对木质材料视觉环境的评价方法提出了较高要求。为此，一些学者对木质材料的视觉环境评价方法进行了研究，刘一星等（2003）对木质材料环境的科学评价方法进行了研究，指出客观评价法、主观评价法、基于心理生理量的评价方法等在木质材料的环境评价中具有应用潜力，并构建了木质材料环境科学的综合评价体系。通过改进视觉物理量可以预测多种木材的视觉环境学品质，得出代表性视觉物理量主成分和视觉心理量主成分，分析物理量主成分与心理量主成分之间的相关关系，并对呈高相关关系的物理量与心理量构建回归方程，以期达到利用物理量参数预测环境学品质以及利用心理量指导物理量选取的目的。层次分析法评价了木质材料对人体心理、生理及环境污染的影响，并提出了木质材料环境学特性的评价模型。以上研究在一定程度上解决了木质材料视觉环境评价的相关问题，然而目前对木质材料的视觉环境评价仍未建立科学完善的体系。由于涉及的指标较多、部分参数难于定量化评价等原因，对木质材料视觉环境学特性比较评价的研究仍存在许多需要解决的问题。

近年来，开展了一些关于木质材料视觉环境的新领域的研究。关于木质材料视觉环境对人体心理生理影响的研究逐渐引起学者的关注，成为木质材料表面物理性状、视觉特性、艺术形式之外的另一重要研究分支。

国内外关于木质材料视觉环境对人体心理生理影响的研究工作，可主要概括为三个方面：一是研究木质材料的表面视觉物理量、视觉心理量和视觉环境学特性，二是研究木质材料对室内空间视觉环境物理量场的影响以及状况模拟，三是研究木质室内环境对生物体及人体视觉生理及居住健康性的影响。人体的心理、生理之间的关系和影响密不可分，因此从心理、生理学角度全面研究木质视觉环境对人体的影响是十分科学而必要的，这也成为近年来一些专家学者进一步开展有关木质材料视觉环境研究的切入点。

4.1.1.2 听觉

室内的声环境是构成室内环境的主要因素。良好的室内声环境要求：一是没有令人讨厌的声音，即墙壁、天棚隔音性能要好；二是室内音响特性好，即回音时间要合适，具有较好的吸音性能。木材的声学性质，使其用于室内装修时能创造良好的室内声环境。

木材和其他具有弹性的材料一样，在冲击性或周期性外力作用下，能够产生声波传播振动。振动的木材及其制品所辐射出的声能，按其基本频率的高低，产生不同的音调；按其振幅的大小，产生不同的响度；按其共振频谱特性，即谐音的多寡及各谐音的相对强度，产生不同的音色。研究表明，木材具有良好的声共振性和音响性质，是优良的乐器用材。在材料科学日新月异的今天，木材在乐器用材中仍是其他材料所不能取代的。例如，我国民族乐器琵琶、扬琴、乐琴、阮，西洋乐器钢琴、小提琴等均采用木材制作共鸣板。

优良乐器的音板的声学性能品质应具有如下要求：第一是对振动效率的要求。音板应该能把从弦振动中获得的能量尽可能多地转变为声能辐射到空气中去，使发出的声音具有较大的音量和足够的持久性。从提高振动效率的观点来看，应选用声辐射阻尼较高（ $R \geqslant 1200$ ）、动态弹性模量较大、声阻抗小、损耗角正切值小以及 $\tan\delta/E$ 小的材料，这样获得的振动能量可以最大限度地用于向空气中辐射声能，提高了声能的转换效率和响应速度。与其他固体材料相比，木材具有较小的声阻抗和非常高的声辐射阻尼，能够产生足够的音量和持久性。第二是对音色的要求。来自弦的各种频率的振动应很均匀地增强，而不应有选择性，以保证音色在整个领域的均匀性。在这点上，木材的频谱特性明显优于金属材料。另外从人体生理学的观点来看，人耳听觉的等响度曲线特性对低、中频段听觉比较迟钝，对高频段听觉非常敏锐。而木材从基频开始向各高次谐频各峰连线形成的"包络线"，具有随频率升高而连续下降的性质，符合 $1/f$ 的分布规律，实现了对低、中音区的迟钝补偿和对高音区的抑制，补偿了人耳由于"等响度曲线"造成的听觉不足，使人感觉到乐音在各个频率范围都有均匀响度，能获得较好的音色，有亲切、自然的感觉（李坚，1994）。

中国台湾学者用木板装修墙壁、天花板并铺设木地板，与不进行室内装修的混凝土房屋进行音响对比试验，测定其250~2000Hz声波的回音时间。前者为0.26~0.66s，后者为1.76~3.38s，即使用木材装修室内可缩短回声时间的67%~92%。通常适合演讲的室内回音时间应少于1s。上述试验表明，木材内装房屋即可满足此要求。木竹结构建筑具有优良的听觉特性，一些对声音有要求的大厅、音乐厅、录音室均采用木材作为首选装饰材料。因为声波作用在木材表面时，约90%被反射，其余被木材本身吸收，而且被反射的是一些柔和的中低频声波，被吸收的是刺耳的高频率声波。在木竹结构的建筑中生活，可带给人们和谐悦耳的听觉享受。

4.1.1.3 嗅觉

当下社会，越来越多的人崇尚回归自然，开始使用天然物品进行保健，"森林康养""芳香治疗"逐渐流行。森林植物可以散发出精油香气——芬多精，一种具有杀菌、杀虫、镇定神经、提神甚至医疗功效的芳香维他命。《本草纲目》《名医别录》等医学著作中均有对香的描写。对于木材气味的研究仍然是木材科学界的热点，木材气味不仅涉及木材学和木材环保学，更包括化学、医学、生物学、热学、力学等方面。木材中有很多提取物都具有芳香气味和保养效果。木材的气味主要由萜与萜类化合物挥发产生。不同种木材因为其产生的精油不同，气味也各不相同。香樟、侧柏、香椿等具有明显的香味，杨木具有如青草般的清香气味。这些挥发性成分除了具有怡人的香气，还具有一定的药用价值。

许多红木的香气清新、醒脑、舒心，有令人愉悦之感。一些常见木材在芳香中掺杂着轻微的药材味，亦有药用之效。比如，海南黄花梨具有降血压、降血脂、止血阵痛的疗效；小叶紫檀具有镇心安神、改善失眠、稳定心率的疗效；黄杨木可除湿、理气、止痛等作用。

木材气味不仅有利于人体健康，且具有抑制霉菌、杀灭螨虫、防止虫害等效果，大大增加了居住的环境舒适性。许多地区采用檀木制作家具，就是利用其杀菌防虫的特点。

新建造的木竹结构建筑住宅，可以闻到明显的香气，除了可以缓解人们的精神压力，还可以淡化稀释室内的其他有害物质（比如日常厨房煤气、油、火挥发出的有害物质，它们的长期存在不利于人体健康，甚至可能引发其他病症）。木材独有的嗅觉特性可以保持居住环境的清爽、温馨，有利于人们的身心健康。

但木材作为建筑材料使用，其嗅觉特性也存在一定的问题。为了消除胶粘剂挥发出的甲醛，提供怡人的居住环境，许多国家开始生产、销售芳香型木质建筑材料。对于芳香型木质建筑材料而言，开发能缓慢释放香气且性能良好的木质材料是未来继续探究的方向。

4.1.1.4　触觉

人类生活在居室之中，用手接触室内装饰材料、家具等日常用具时会产生某种触觉。日本学者以冷暖感、软硬感和粗滑感三种触觉特征综合评定木材的触觉特性。

手接触材料时所获得的冷暖感，是由皮肤与材料间的温度变化以及垂直于该界面的热流量对人体感觉器官的刺激结果来决定的。铃木正治测定了手指与木材等多种材料接触时的热流量密度及接触部位温度变化的过程。金属类的热流量密度为 209.34~293.07W/m²；混凝土、玻璃、陶瓷等为 167.47W/m²；塑料、木质材料等为 125.6 W/m²；羊毛、泡沫为 83.74W/m²。20℃环境下，成人的基本代谢量为 41.868 W/m²；静坐为 58.62 W/m²；步行为 108.48 W/m²；疾走为 251.2 W/m² 以上。由此可见，木材的热导率比混凝土、金属、玻璃等小，因此接触时温度能缓慢变化，适于人类活动时使用（李坚，1991）。人接触地板时，脚背皮肤温度随接触时间引起的变化，依地板材料（木材、混凝土、PVC 塑胶地砖）不同而不同。室温 18℃条件下的试验结果表明，

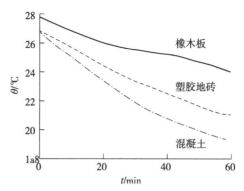

图 4-1　地板材料不同所引起脚背的温度
（引自《木材与室内环境特性的研究》）

皮肤温度降低程度以混凝土最大，其次为塑胶地砖，木地板最轻微（图 4-1）。

软硬感与材料的压缩弹性系数有关。木材属于中间或稍硬的材料，针叶材的平均硬度为 34.3MPa，阔叶材的平均硬度为 60.8MPa，通常木材端面的硬度高于弦面和径面硬度。作为一种高分子物体，木材能产生弹性和塑性变形：在外力作用下，木材相邻的微纤丝分子链之间发生滑移，细胞的壁层相应变形；随着外力的撤销，微纤丝分子链回归原位置，变形恢复。木材还具有较好的抗冲击性能，可吸收部分冲击能量。所以铺设木地板、使用木质家具，会带给人安全感。

粗滑感是指由粗糙度所引起的刺激和感觉。木材细胞组织的构造与排列赋予木材表面微观的不平度，在其表面滑移时摩擦阻力的变化会产生粗糙感；刨削、研磨、涂饰等表面加工的好坏，很大程度上影响木材表面的粗滑感。木材组织的类型会刺激人的视觉，触觉和视觉刺激的综合作用使人感到木材表面具有粗滑感。

人们在生活、学习和工作中，常与地板接触，因此有关地板步行感方面的研究引起了有关学者的重视。木材尽管经过刨切式砂磨，但由于细胞裸露在切面上，使木材表面不完全光滑，即木材仍然具有一定的粗糙度。木材具有适度的摩擦因数，静摩擦因数与动摩擦因数相差无几，所以木地板比塑胶地砖的步行感优良，特别当地板表面水分状态变化时，非木质地板由于结露而光滑，易发生障碍性事故，而木质地板难以结露，不会因此而变得容易滑动，仍能保持良好的步行感。此外，还有生理方面的地板实验：

脉搏的增加率、脉搏间隔变化的缩小率、接触地面人体下肢的温度变化等，木地板效果较好。

对冷暖感、软硬感和粗滑感进行综合评价，要以 W、H、R 分别代表这 3 种感觉特性的心理量，建立一个三维直角坐标空间。在 WHR 空间位置上越接近的材料，其触觉特性越相似。比较各种材料的触觉特性可知木材及木质人造板的冷暖感偏温和、软硬感和粗滑感适中（李坚，1994）。

木质材料以适当的触觉特性参数值给人以良好的感觉，通过这种感官刺激大脑，影响人的心理与健康。

4.1.2　心理指标影响

人们置身于木质材料围筑的视觉环境空间中时，会产生自然和温馨的感受，多项研究表明这是由于木材特有的视觉环境品质调节了人们的心理。对于这方面的许多研究引入了环境心理学的一些理论方法，用来研究人在建筑与室内木质材料视觉环境中的行为及人对木质材料视觉环境的主观评价，所应用的方法包括秩位法、一对一比较法、绝对评分法、意味微分法、情绪状态法和使用状况评价等，其中意味微分法的应用最为普遍，主要是因为该方法能够将木质材料视觉环境所引起的人体心理感觉变化进行分类，使容易产生误解的语言表达转化为精确的数字，有了这些数字的描述，人们就可以清晰准确地分析木质材料对人们心理影响的大小。

关于木质材料视觉环境对人体心理的影响，日本学者开展的研究较早，木材材色与人体心理感受关系的研究结果表明，木材材色的色调、明度、色饱和度等木质材料视觉环境因子的变化均会引起人体心理感受的变化。在色调方面，木材的色调值与人的温暖感心理量间存在较强的正相关性。在明度方面，明度高的木材易使人产生明快、整洁、雅致和舒畅的感觉，明度低的木材则易使人产生深沉、稳重、严肃的感觉。色饱和度的高低变化会产生华丽、刺激或淳朴、质感的感觉。这些研究结果表明人体对木材材色的心理感受是诸多视觉因子共同作用的结果（增田稔，1985，1992；ITO et al.，2006）。仲村匡司等

提取出部分心理量的相关影响因子，研究了木材纹理的模拟变化、周期变化、纹理宽度和纹理间距比例的变化以及纹理不规则变化对人体心理感受的影响。结果表明纹理的变化会引起人体心理感受的变化，并存在一定的规律性（1990，1995）。武者利光通过对木材径向纹理图案的线变化模式进行频谱特性解析，发现木材构造所呈现的功率谱符合 $1/f$ 的分布方式，木材构造所呈现的 $1/f$ 涨落介于完全无秩序的白色涨落 $1/\sqrt{f}$ 和趋于单调的 $1/f^2$ 涨落之间，这恰好避免了 $1/\sqrt{f}$ 涨落所带来的冲击感和 $1/f^2$ 涨落所引起的乏味感，给人以运动、生命的自然感及和谐、流畅的韵律感（1980）。Broman 采用多变量分析法对木材表面视觉特征与视觉心理的相互关系进行了定量研究（1995，2001）。Rice 等研究了木制品外观与人心理良好感受之间的内在关系（2006）。Nakamura 等研究了室内空间木材率的组成形式及量度对人心理感受的影响，结果表明随着木材率的增加，人体的温暖感、稳静感和舒畅感的心理感受均出现相应的变化，并在某一木材率范围内存在最佳的心理感觉（2004）。

通过研究木材率与视觉心理量之间的关系，得出结论：

①木材率与温暖感之间的关系：当木材率低于 43% 时，随木材率的增加，温暖感逐渐上升，冷感逐渐减少；但当木材率高于 43% 时，温暖感反而会下降。当室内空间平均色调在 2.5YR 附近时，温暖感最强（李凯夫，2020）。

②木材率与稳静感之间的关系：稳静感的下限值随木材率上升而提高，但其上限值与木材率无明显关系。

③木材率与舒畅感之间的关系：木材率较低时，舒畅感不明显，随木材率上升，舒畅感下限逐渐升高，上限保持稳定（增田稔，1992）。在钢筋混凝土住宅内感觉比较压抑的人数居多，这说明身居钢筋混凝土住宅的居民，明显呈现出精神疲劳、气力衰退，表现出明显的心理压抑状态。另一项有关木质建筑材料对教室内环境影响的研究调查表明，不管春夏秋冬，用混凝土建造的教室较木质教室更易引起学生们的身体不适，身处混凝土制教室中的学生有产生慢性精神压力的危险（李坚，1991）。

东北林业大学刘一星、李坚等早期开展了关于木材视觉物理量与视觉心理量关系的研究工作（1995）。对我国树种的木材表面视觉物理量进行了测定，并对木材视觉物理量与视觉心理量间的关系进行了统计分析，结果表明视觉物理量单变量与人体的视觉心理量存在一定的相关性，综合视觉物理量参数（主成分）与视觉心理量也存在着显著的相关性。董君伟等提出了对木材纹理物理量的分析与定义（2005），于海鹏等基于改进后的视觉物理量建立了预测木材视觉环境学品质的数学表达式（2004）。以上研究共同证明了木质材料的视觉环境特性对人体心理感受存在重要影响，材色、光泽、纹理等木质材料视觉环境组成因子协同调节着木质材料视觉环境空间内人体的心理健康。

4.1.3　生理指标影响

人们在木质材料视觉环境空间中休憩时，肌体会感到轻松惬意。一些研究结果已初步揭示这主要是由于木质材料视觉环境对人体的生理指标起到了积极的调节作用。迄今为止，木质材料视觉环境对人体生理影响的研究已成为木质材料环境学领域的一个崭新内容，许多学者开展了相关的研究工作，主要通过生理反馈实验来研究木质材料视觉环境对人体生理的影响。多数研究采用多个生理记录仪对由木质材料视觉环境引起的人体生理指标的变化进行监测记录，通过对监测结果的统计分析来解析木质材料视觉环境对人体生理健康的影响机理，探讨木质材料视觉环境组成因子与人体生理指标、心理感觉间的关系。宫崎良文、佐藤宏、山口贵子、恒次枯子、仲村匡司等是相关研究的杰出代表，提出了一些好的研究构想并积极开展相关研究。其中，关于木质材料视觉环境对人体自主神经系统、中枢神经系统影响的研究最具代表性，成果较为系统，受到了木质材料环境学领域研究者的关注。

（1）木质材料视觉环境对自主神经系统的影响

木质材料视觉环境对自主神经系统的影响，主要表现在当人们置身于木质材料视觉环境空间中时，人体交感神经活动和副交感神经活动的变化以及均衡性，具体反映为心率、脉搏、血压、皮肤电位、呼吸、瞳孔直径和瞳孔光反射等生理指标的变化。研究表明人们在观测木质壁面时，人体的心率、血压的变化与人体产生的自然感、喜爱感、舒适感等心理感受相对应，木质材料的视觉刺激不会引起强烈的生理反应。Yamaguchi 等利用近红外光谱法对红、蓝、绿、黄四种色相的视觉刺激对脑活动及血压的影响规律进行了分析（2001）。不同装饰材料造成的人体心率变化结果表明，人们在观察不同材质的墙面时，自身的心电图 RR 间期都略缩短，RR 标准差略增大，心率略呈加快趋势；由于观察不同材料时，交感神经活动和副交感神经活动的变化幅度不大，自主神经状态改变很小，心率变异指标 RMSSD、PNN50、HRVI 在开始时呈小幅度下降趋势，后期下降幅度稍明显。与其他材料相比，受试者观察木质墙面时心率变异较小，因此对其自然、舒适的评价值高于其他材料墙面（TSUNETSUGU et al.，2002，2005b，2007）。Tsunetsugu 等还分析了处于实际尺寸大小的木质材料装饰空间中时，人体的生理反应变化（2005b）。

（2）木质材料视觉环境对中枢神经系统的影响

木质材料视觉环境对人体中枢神经系统的影响，主要表现为木质材料视觉环境对人体的脑波、动态脑血流量等生理指标的作用。脑电波可反映中枢神经系统的活动变化，与人的视觉联系最为密切。不同材质壁面引起的人体脑波变化的研究表明，观察不同壁面时睁眼阻断了 α 波，所以重点考察 β 波的变化。受各种壁面的视觉刺激，人体的 β 波均呈一定程度增加。在观察初期，不同壁面使人脑产生的 β 波中，金属壁面和石材壁面最为明显，木材壁面最次，表明金属、石材等装饰材料对人体的视觉冲击要高于木材；在观察中期和后期，金属壁面和石材壁面使人脑产生的 β 波有所缓和降低，表明经过一段时间后，人眼对金属和石材造成的视觉冲击开始疲乏，人脑已不再思考处理其相关信息，而木材壁面使人脑产生的 β 波开始增加，可能是由于大脑逐渐读懂了木材纹理和光泽的内涵，开始思考其相关含义或做出联想，因而兴奋性增强，说明木材丰富的视觉特性对人中枢神经系统有积极作用（YAMAGUCHI et al.，2001；TSUNETSUGU et al.，2001）。用近红外光谱法监测到的脑血液动态流量及分布也证实了上述推断（TSUNETSUGU et al.，2005a）。Tsunetsugu 等还研究了在接受视觉刺激时，主观评价与自主神经系统活动、中枢神经系统活动间的对应关系（2001）。在实际尺寸的房间中采用不同比例的木质材料进行装饰并测试人体的生理反应，研究结果表明，当房间木材率为 0 时，人体舒张压下降明显，自主神经活动的变化相对较少；当房间木材率为 45% 时，人体舒张压降低，脉搏数显著增加，对房间"舒适感"的主观评价最高；当房间木材率为 90% 时，初期人体收缩压和舒张压都有较大幅度的降低，一段时间后，脑部活动迅速减少，脉搏有所增加。由此可见，不同比例的木材室内装饰会引起不同的生理反应，尤其在自主神经活动方面（TSUNETSUGU et al.，2007；佐藤宏等，2000）。

（3）木质材料视觉环境对内分泌系统的影响

人体内分泌系统也会受到不同木质材料视觉环境因子的影响。人体血液、唾液、粪便中的情感激素都会随木质材料视觉环境变化而变化，木质材料视觉环境对人体的良性调节作用也会对内分泌产生影响。受监测手段、实验环境等的限制，关于木质材料视觉环境对人体内分泌系统影响的研究起步较晚，取得的科研成果仍比较少，仍需进一步的深入研究才能科学地解析木质材料视觉环境对人体内分泌系统的影响机制。

4.1.4　研究存在的问题

室内木质材料视觉环境对人体影响的研究往往会涉及木材学、建筑环境学、心理学、生理学、人体工程学等方面的知识，覆盖范围广、难度也较大。当前关于木质材料视觉环境对人体心理生理影响及评价的研究工作存在以下问题：

①木质材料视觉环境对人体心理影响的研究在主观评价的科学性方面有所欠缺，应提高试验者所填写的调查问卷的简洁性和准确性，从而提高评价数据的科学性。所选用的主观评价方法仍应不断改进和完善，可采用多种评价手段相结合的方式，建立一个完整全面的评价体系，以降低评价的主观性。宜多采用客观的评价方法及评价指标，使用多种检测手段进行分析，提高评价结果的准确性。

②关于木质材料视觉环境对人体生理的影响，应重点研究人体在空间物理量条件下的生理和心理反应，统筹木质材料视觉环境对人体生理心理的综合影响，全面解析木质材料视觉环境与人体生理心理的关系及相互作用规律。

③鉴于木质材料视觉环境的研究基础和多种综合评价方法的不断完善，有必要建立一个全面的木质材料视觉环境评价体系，确定评价模型及相关权重值对今后的后续研究具有一定的指导意义。

④所有关于木质材料视觉环境对人体影响及评价的研究工作，都应与人居生活实际相结合，研究成果应该对提高木质材料的装饰和调节效果、改善人们的居室视觉环境起到积极作用。

4.2　室内声、光、热环境

随着人们健康舒适意识的加强，人们对室内环境的要求也越来越强烈。据统计，人的一生中有 80% 以上的时间是在室内度过的，室内环境品质如声、光、热环境及室内空气品质对人的身心健康、舒适感和工作效率都会产生显著的影响。

4.2.1　室内声环境

室内声环境是构成室内环境的主要因素，室内声环境包括 3 个方面：一是噪声大小；二是室内音响特性；三是吸音性好坏。这三者之中，噪声问题对人的影响最大，它会损害听觉器官，引发各种疾病，同时还影响人们的正常工作与生活，降低劳动生产率，特别强烈的噪声还可能损坏建筑物（任海清 等，2008）。为降低噪声危害，必须采取有效的隔声措施。

隔声分为空气隔声和固体隔声，对空气隔声来说，木材同其他材料一样，单层匀质板的隔声量取决于材料的面密度与声音频率。根据质量定律，频率或密度增加 1 倍，隔声量提高 6dB。由于木材的密度较小，单层板的空气隔声量较低。双层或多层板因有空气层或通过在中间填充玻璃棉、泡沫塑料等多孔材料做成复合板，隔声效果明显提高。

楼板撞击声为固体声，由于其声音能量大、在固体中的传播衰减量小，因此传播距离较远、干扰较大，一直是室内最主要的噪声源，如楼板上人的脚步声和小孩的跑跳声。采用小型音箱法和现场法对数种遮音地板的隔声性能进行测定，认为小型音箱法可用于不同地板隔声性能的比较。对木质地板撞击声特性的研究表明，标准打击器和女子穿高跟鞋行走产生的撞击声特性相似；轮胎下落和男女裸脚行走产生的撞击声相似；打击器和轮胎下落产生的撞击声频谱完全不同，但辐射因子谱几乎相同（Akira Takhashi，1987）。长谷伸茂等测定了由减振材料和木地板组成的复合地板的冲击声压级、损失因子、声速、声阻抗等，结果显示轻量撞击的隔声性能与声阻对数呈线性关系（1988）。在木造住宅地板受到轻量撞击的情况下测定人体心律的变动系数、血压、脑波、作业效率，并用 12 级感觉强度和 SD 法对人体进行心理评价，结果表明轻量撞击的声压级低于 60 dB 时，人体无明显生理反应，是表明居住环境舒适的指标，心律的变动系数与轻量撞击的声压级具有相关性，（EEG）脑波中 Q 波和 α 波的活性随其增加而减少（有马孝礼 等，1989）。为改善楼板轻量撞击的隔声性能，许多学者做了大量研究，要点归纳如下：一是采用弹性材料作面层来减弱撞击地面的能量，如在楼板上铺上地毯、地板革等，可较好地隔绝一般走动产生的轻量撞击声；二是采用浮筑地板，在楼板和地面之间做一弹性垫层，将上下两层完全隔开，使上层地板产生的撞击力和一小部分振动传至楼板。浮筑地板的隔声效果取决于垫层材料的弹性和厚度，而且不允许地面与任何基层结构（包括墙体）有刚性连接，否则会构成声桥，使隔声性能大大下降；三是吊挂平顶，在楼板下面安置弹性吊顶来隔绝楼板振动时的声发射，并减少吊顶振动产生的声发射。为进一步提高隔声效果，有时甚至会使用独立吊顶、独立内墙体；四是提高楼

板的刚性和质量，加强弹性系统对振动的衰减作用，如加大楼板厚度、减小板宽和梁的跨度等；五是提高楼板的阻尼性，如在地板和楼板之间安装吸振器，在地板下粘贴阻尼元件以消耗振动能量等（末吉修三，1993）。

有关木质材料吸音性和室内音响特性的研究表明，木质多孔结构材料具有良好的吸声效果，同时具有较佳的声反射特性。木结构住宅室内混响时间为 0.2~0.4 s，而混凝土结构住宅室内混响时间为 0.4~0.6 s，由此可见木结构住宅具有较佳的室内音响效果（孙启祥等，2001）。

4.2.2　室内光环境

光环境与室内空间有着相互依赖、相辅相成的关系。空间中有了光，才能发挥视觉功效，使个体在空间中辨认人和物体的存在；同时光也以空间为依托显现出它的状态、变化及表现力。在室内空间中，光通过材料可以形成光环境，例如光透过透光、半透光和不透光材料会形成不同的光环境。此外，材料表面的颜色、质感、光泽也会形成相应的光环境。光是建筑的灵魂，没有光视觉无从谈起，建筑形式元素中的形态、色彩、质感依托光使我们体验到建筑在一天及四季中的变化。光环境在室内发挥着重要作用，光创造空间无须实体围合，利用自然光及各种人工光的形态及颜色即可塑造空间。

随着当今社会生活水平的提高，人们对居住环境的要求越来越高，其中光环境对于人们的居住环境十分重要。统计资料表明，正常人每天接受的外界信息中超过 80% 通过视觉器官接收，空间内的光环境是视觉器官接受信息的必要条件。人们对于室内光环境的需求，由最初的基本照明逐步发展到追求舒适宜人，甚至希望光环境空间具有艺术价值。著名建筑师理查德·罗杰斯说过，建筑是捕捉光的容器，就如同乐器捕捉音乐一样。光与影相互配合，提升了生活的环境质量，使我们更加自然地融入所营造的环境之中。

建筑光环境分为两部分，一部分是天然采光，一部分是人工照明。影响建筑光环境的因素不仅是照

明度，还包括日光比例、采光方向、光源显色性、色温以及避免眩光等。光环境是建筑环境的组成部分，其功能应当被有效利用，使光满足人们追求生理健康、心理舒适和人身安全。光环境和空气环境一样，对人们的生活质量非常重要。舒适的光环境不仅可以减轻疲劳、提高劳动效率，还对人的身体健康，特别是视力健康有直接影响。光能杀除细菌，建筑内外若长期得不到阳光的照射，易产生有害于人体的霉菌。在良好的光照条件下，人眼才能进行有效的视觉工作。良好的光环境可利用天然光或人工光源创造。但单纯依靠人工光源需要耗费大量能源，间接造成环境污染，不利于生态环境的可持续发展。

光污染对人体的影响不可忽视。当视野内出现高亮度或过大的亮度对比时，会引起视觉上的不适、烦躁或视觉疲劳，通常这种现象被称为眩光。通过大面积的玻璃幕墙反射的眩光，对建筑和人类正常的生活和工作影响极大。因此，自然光与人工光应互补利用、合理利用、正确使用。有必要根据光的特殊性及建筑与人的不同需要，科学设计和控制利用光环境，创造一个良好优质的光环境。

木结构材料相对其他材料具有视觉上的优越性，主要体现在木材具有柔和的自然光泽。木材视觉物理量与感觉特性的研究表明，木材具有吸收紫外线反射红外线的功能。虽然在一定限制范围内肉眼看不见紫外线和红外线，但其对人体的影响不可忽视。木材通过吸收阳光中的紫外线来减少人体受的危害；通过反射红外线给人带来温暖感。木材是多孔性材料，微观下表面凹凸，在光线的照射下会出现漫反射现象或吸收部分光线，所以可将令人眩晕的光线变得柔和。因此，木制桌面、墙壁面对人的视觉神经刺激最小。

4.2.3　室内热环境

大量的国内外研究表明，室内空气品质与热环境有关，如空气温湿度以及风速会影响室内污染物的释放、人们对污染物的感觉与温度有关等。因此有必要针对具体建筑或人工气候室就室内热环境对人体热舒适的影响进行研究。通过测试影响室内热环境的各种参数、进行问卷调查等方法总结分析室内热环境

条件变化时人体的舒适感变化情况，从而提出一些改善室内热环境、提高人体热舒适性的措施。这将为今后建筑、暖通设计专家优选设计方案提供依据，从以人为本的立场出发最大可能地为人们创造健康、舒适、安全、高效的室内热环境。

影响人体冷热感觉的各种因素所构成的环境称为热环境，室内热环境是指影响人体冷热感觉的环境因素。这些因素主要包括室内空气温度、空气湿度、气流速度以及人体与周围环境之间的辐射换热。热舒适是指人们对所处的微小气候产生的不冷不热的主观感觉。适宜的室内空气温度、湿度、气流速度以及环境热辐射使人体易于保持热平衡从而感到舒适。研究热环境的目的在于为人类的生活、工作、学习提供最佳热舒适条件（徐小林 等，2005）。

一般民用建筑的冬季室内温度以 16~22℃为宜，夏季空调房的室内温度多规定为 26~28℃。根据中国的实测数据，自然通风的民用建筑在夏季的室内日平均温度约比室外高 1~2℃。室内温度的分布，尤其沿房间高度（竖直）方向，是不均匀的，对人体热感觉的影响很大。使用对流式放热器供暖时，房间内沿竖直方向的温差可达 5℃以上，地板面附近温度最低，不利于人体健康；使用辐射式放热器供暖时，产生的温差较小，一般为 3℃左右。随着科学技术的发展，许多生产和试验工作都要求在某种特定热环境下进行。例如，长度计量室的温度基数规定为常年 20℃；检定量块的室温允许的波动范围仅为 ±0.2℃。有些生产允许按季节规定不同的温度基数，如精密机械加工车间的温度基数，冬季为 17℃，夏季为 23℃，春、秋季为 20℃。冷藏库是对室温有特殊要求的另一类建筑，其库温应根据货物种类和规定的贮存时间来确定。室内物体辐射量的大小和辐射方向，对热环境的质量有很大影响。冶炼、热轧等车间都有强烈的室内辐射热源，易造成高温环境。在炎热地区，即使是冷加工车间和民用建筑，夏季室内过热也是普遍现象。这主要是由夏季高温，以及墙和屋顶内表面的辐射，特别是通过窗口进入的太阳辐射热造成的。在寒冷地区，房屋热稳定性不良，围护结构会对人体产生"冷"辐射。包括我国在内的很多国家都在有关规范中规定了室内温度与建筑内

表面温度之差不得超过容许值（见建筑保温）。建筑日照可改善室内冬季热环境和卫生条件，城市规划与建筑设计都需要充分利用日照。室内气流影响人体的对流换热和蒸发散热，也影响室内空气的更新。根据现有资料，人体无汗时，舒适的气流速度范围约为 0.1~0.6m/s，一般供暖房间宜为 0.1~0.2m/s；人体有汗时，较强的气流是改善热环境的重要因素。因此，夏季应利用自然通风，争取速度较大、且能有效吹到人体上的气流来改善热环境。许多生产车间为了迅速排除余热、余温，需要合理的通风系统（见通风设备）。空气湿度也影响人体的蒸发散热，湿度越高，汗液越不易蒸发。炎热潮湿造成的闷热环境最令人不舒适。从卫生保健的观点来看，正常的相对湿度为 50%~60%。根据试验，当气温在 20~25℃的范围内时，相对湿度在 30%~85% 之间变化对人体热感觉没有影响。生产和科学试验用的各类房间中的实际所需湿度与使用状况有关且有明确规定。如为防止棉纱断线，织布车间在工艺上要求保持 70%~75% 的相对湿度。

我国幅员辽阔，全国可划分为严寒、寒冷、夏热冬冷、夏热冬暖、温和五大热工设计分区，不同地区的气候条件有很大的差别，在进行住宅热环境与节能设计时应分别对待。为了提高住宅的保温性能，对房屋气密性和隔热性的要求越来越高。室内的通风与换气对人们的身体健康同样重要，如何巧妙地进行采暖、通风与换气对建造舒适的室内环境和节能减排具有重要意义。木竹结构住宅有其自身的特点，如楼层少、具有较大的体形系数。由于木材的密度较低、热容量小，木竹结构住宅还具有热得快冷得也快的特点。对木竹结构住宅进行热环境设计时应充分考虑这些特点。另外，太阳和空气是大自然赐给人类的宝贵资源，我们应该充分利用避免浪费。

太阳光热是大自然提供给我们的宝贵资源，特别是对于木竹结构住宅，由于楼层少占地面积大，屋顶的太阳光热非常丰富。研究如何利用太阳光热在冬天为我们采暖，而在夏天又不使室内升温，对节能减排具有重要意义。零能耗建筑（zero energy building，简称 ZEB）是指在满足被动式房屋标准前提下，其余的能源需求完全由可再生能源供给。利用太阳能光热、光电技术达成全年零运行能耗的住宅称之为零能耗太阳能住宅（zero energy solar house，简称 ZESH）。ZESH 是 ZEB 的一个重要组成部分。ZESH 的目标，必须通过“开源＋节流”双管齐下的方法才能实现：首先在节能方面，通过被动式建筑设计，采用新型节能灯具，优化的暖通空调技术，楼宇智能控制系统和建筑运行管理中的优化以减少能耗并达到 LEB 标准；其次在能量生产方面，通过太阳能光热、光电利用技术、热（冷）能、电能存储技术、光电并网技术等实现全年能量平衡（杨向群，2012）。

日本 OM 太阳能住宅的原理为：屋外新鲜空气从屋檐处进气口进入屋顶面夹层的集热空气层，当有阳光照射时，深色屋顶的无玻璃集热面将吸收的太阳热传递给集热空气层的空气，热空气缓慢上移，经过玻璃集热面集聚至屋脊上的横向通道里。玻璃集热面为普通的钢化玻璃，其目的是进一步提高集热空气的温度。集聚在屋脊通道里的热空气通过管道进入安装在天花板阁楼中的气流控制箱，气流控制箱通过管道连接各进、出气口。控制箱中的热交换器用来给热水箱提供热源，为防止冻结，与热交换器相连的管道里装有防冻液体。防冻液在热交换器中循环吸收热空气的热量，然后由热水箱中的盘管将热量传递给水，实现对水的加热，防冻液循环与否即是否加热水由循环泵的开闭来控制。入口挡风板控制热空气进口与室内空气循环口的开闭，出口挡风板控制给气口与排气口的开闭，通过调节入口和出口挡风板可以控制气流的流动方向。如冬季白天或夏季夜间，外空气进口与给气口相通，其余两口关闭，热空气或凉爽空气进入垂直向下的管道；夏季白天，外空气进口与排气口相通，将屋顶的热量排出屋外；当室内空气循环口与排气口相通，可实现室内强制换气；室内空气循环口与给气口相通，可实现室内空气循环。

利用太阳热进行采暖和提供热水，可以节省大量能源。根据 OM 太阳株式会社的模拟计算，OM 太阳能住宅（东京都，4 人家庭，总建筑面积 120m²）年消费能源减少 41%，CO_2 排放减少 33%。太阳能系统将新鲜空气加热后吸入室内，可以实现边采暖边换气，时刻保持室内空气清新。由于楼板被加热，脚底不感觉冷，室内温度适宜，室内气候非常柔和、自然，甚至感觉不到在取暖。由于所有楼板都被加热，且楼面出气口可任意设置，住宅中的各房间、各角落温度几乎一致，甚至厨房、阳台、换衣间都和卧室一样暖和，扩大了活动空间。

4.3　室内色彩环境

色彩可以用来表现内心情绪，反映思想感情。色彩在视觉效果会产生物理效应，如冷热、远近、轻重、大小等；会形成感情刺激，如兴奋、消沉、开朗、抑郁、镇静、动乱等；能表达象征意象，如庄平、轻快、刚、柔、富丽、简朴等。任何色相、色彩的性质常有两面性或多义性，我们要善于利用它积极的一面。因个体及主观感受的差异，色彩产生的感情和理智反应不可能完全一致。根据画家的经验，一般以暖色相和明色调为主的画面，容易造成欢快的气氛，而以冷色相和暗色调为主的画面，容易造成悲伤的气氛。

人们对不同的色彩表现出不同的好恶，这种心理反应常常与人的生活经验、利害关系相关，也和人的年龄、性格、素养、民族、习惯分不开。例如看到红色，有可能联想到太阳——万物生命之源，从而感到崇敬、伟大，也可能联想到血，感到不安、野蛮；看到黄绿色，会联想到植物发芽生长，感觉春天来临，于是把它当作青春、活力、希望、发展、和平等的象征；看到黑色，会联想到黑夜，从而感到神秘；看到黄色，联想到阳光普照大地，感到明朗、活跃、兴奋。在进行室内设计时，应首先了解需求，比如空间的使用目的：会议室、厨房、起居室等，再考虑色彩要求、性格体现，空间需求不同所形成的气氛各不相同，可以按不同的空间大小、形式对色彩进行强调或削弱。不同使用空间的人，如老人、小孩、男女，对色彩的要求有很大区别，色彩应适应居住者爱好。

使用者在空间内的活动及使用时间不同，要求的视线条件不同，这样才能提高效率，保证安全和舒适。对色彩色相、彩度对比等的考虑也应根据使用者在空间内的活动及使用时间而定。对长时间活动的空间，主要考虑不产生视觉疲劳。色彩和环境有密切的联系：在室内，色彩的反射可以影响其他颜色；不同的环境可以通过室外的自然景物反射到室内来，因此色彩应与周围环境相协调。另外，使用者对于色彩的青睐也很重要。在符合原则的前提下应该合理地满足不同使用者的爱好和个性，从而符合使用者的心理要求，在符合色彩功能要求的原则下，可以充分发挥色彩在构图中的作用。

4.3.1　材色优势

树木生长过程中，木材细胞会发生一系列生物化学反应，产生各种色素、树脂、树胶、单宁及氧化物质并沉积在细胞腔或渗入细胞壁，而使木材呈现出各种颜色。木材的表面颜色具有多样性，如云杉洁白如雪，乌木漆黑如墨，白松呈黄白色。木材的颜色变化很大，树种不同颜色也不同，同一树种的颜色也会因木材的干湿、树龄、部位、立地条件的不同而有差别，这些因素是引起木材色差的最主要因素。颜色的最低层次是固有色即颜色本身，最高层次是情感色。木材的颜色包含有感情，会产生各种各样的心理效果和情感效果，会引起各种各样的感受和联想。古代硬木家具三种最主要的用材紫檀、黄花梨、红木都是以颜色命名。紫色、黄色和红色都是靓丽的颜色，在中国文化中具有重要意义，紫寓意紫气东来，黄代表皇家，红是中国最吉祥的颜色。还有一些硬木也用颜色来命名，比如铁色的铁力木、黑色的乌木。以上都反映出人们对木材颜色的重视。

材色是反映木材表面视觉和心理感觉的最为重要的特征，人们习惯于用颜色的三属性即明度、色调和色彩饱和度来描述木材的材色。明度高的木材，如白桦、鱼鳞云杉，让人感到明快、华丽、整洁、高雅和舒畅；明度低的木材，如红豆杉、紫檀，使人有深沉、稳重、素雅之感（邱肇荣 等，1998）；具有红、黄、橙黄系色调的木材会给人以温暖之感。色彩饱和度高的木材会给人以华丽、刺激之感；色彩饱和度低的木材则有素雅、质朴、沉静的感觉。木材颜色与感觉的关系见表 4-1。

以上描述仅是主观的定性描述，无法定量表征，而且得到的信息量有限。通过色度学知识对木材材色进行定量测量，结果表明：木材材色在 $L*$ $a*$ $b*$ 表色系（CIE1976）中的参数分布为：明度 $L*$ 在 30~90 内变动；色度指数 $a*$ 在 -2~20 内变化；色度指数 $b*$ 在 0~30 内变化；色调角 $Ag*$ 分布在 0~90 之间；色饱和度 $C*$ 集中分布在 12~32 之间。从整体分布情况来看，绝大多数木材的 $a*$ 和 $b*$ 值都分布在 0 以上的范围，明度分布在 40 以上的范围。针叶树材与阔叶树材的材色对比表明，针叶树材的材色偏重于明度较高的橙色和浅黄白色，而阔叶树材的材色测量值则分布在一个较宽的空间范围内（刘一星 等，1995）。

表 4-1　木材颜色与感觉

感觉	明度	纯度	色相
漂亮	+++		
明快	+++++		++（7.5R）
舒畅	+++		++（5Y）
现代	++	+	++（7.5R）
洋气	++		++（5R）
华丽	++	+++	+（5R）
上乘	+		+（5YR）
刺激		++	-（10YR）
挚爱		+-	++（5YR）
舒适		+	++（5YR）
温暖		++	+++++（7.5YR）
稳静	---	--	++（7.5YR）
素雅	--	---	-（7.5YR）
深沉	-----	--	-（10R）
厚重	-----		
豪华	---	++	+++（10R）

注："+"为正相关，"-"为负相关，"+"或"-"越多相关性越高。

4.3.2　色彩要求

木竹结构建筑的室内色彩运用对设计的成败至关重要，这不仅仅是表面上的"适合 / 不适合"，更是对人们心理、情感的影响。如何有效调节、引导、改善使用者的情绪，使人们获得愉悦、舒适的情感体验，越来越受到设计师的重视。室内色彩随着时代审美观的变化而不同，但必须遵守的一般色彩规律除外。

近年来，随着办公室自动化的快速普及，办公室的事务虽然被简化，却引起了工作人员眼睛疲劳的症状。主要原因在于自动化所使用的电脑影像是由不连续的波状光线构成的，易使眼睛感到疲劳。人类的眼睛很难配合机械而改变其机能，然而高科技的机器今后还将渐渐地普及到每个家庭，为了创造一个舒适的视觉环境，人们喜爱使用具有自然色泽、花纹、图案的木材装点室内环境和制作室内用具。

木材与金属、大理石等材料相比，其眩辉对比非常小，可以大大减轻眼睛的疲劳程度。因此，木质桌面、壁面对于工作人员的视觉神经刺激最小。换言之，木材能够为人类提供良好的视觉环境（李坚 等，1997）。

日本学者通过深入研究木材色调与心理图像之间的关系发现，木材年轮的间隔分布表现出不规则的生物节律，与人心脏跳动涨落所呈现的 $1/f$ 波谱分布形式相吻合。因此木材表面呈现的 $1/f$ 波谱的性状，使人感到自然舒适，增添了几分生命气息。

4.3.3　表面纹理图案

木材的纹理由生长轮、木射线、轴向薄壁组织等解剖分子相互交织而成，且因其各向异性在不同切面呈现不同图案，在木材弦切面上为抛物线状花纹，径切面上为平行的带状花纹（图 4-2）。木纹给人以良好感觉的主要原因有：第一，木纹由一些平行但不交叉的图案构成，给人以流畅、井然、轻松、自如的感觉；第二，木纹图案受生长量、年龄、气候、立地条件等因素的影响，在不同部位产生不同的变化，给人以多变、起伏、运动的感觉。这种周期中蕴藏变化的图案，充分体现了规律与变化的协调统一，不仅令人感受到木材华丽、优美、自然、亲切等视觉心理感觉，还是木纹图案装饰的室内环境经久不衰、百看不厌的原因。变化的纹理图形，反差变大，其华丽、豪华的视觉效果明显增强；反差小的则呈现平庸、俗气的视觉感。木材的纹理图案通常呈现出适度的反差，因此木材能够呈现出文雅、清秀的视觉感。某些纹理图案反差较大的树种，会呈现出华丽的视觉感。绝大多数树种的表面纹理颜色都在 YR（橙）色系内，呈暖色，这是木材产生温暖视觉效果的重要原因。

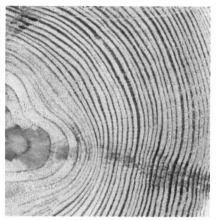

图 4-2　各种各样的木纹

上述定性研究的结论，远不能够描述清楚千变万化的木材表面纹理。为此，于海鹏等运用计算机视觉和数字图像处理的知识对木材表面纹理进行定量化分析和特征参数提取（2004）。武者利光研究发现，木材构造所呈现的 1/f 涨落介于完全无秩序的白色涨落 1/ 和 $\sqrt{f}$ 趋于单调的 $1/f^2$ 涨落之间，给人以自然感及韵律感（1980）。赵广杰等研究发现，木材色调、纹理、年轮间隔分布的 1/f 谱分布形式与人体生理指标（如 α 脑波的涨落谱、心率周期的强度谱）的 1/f 谱分布形式均相吻合。这种节律的吻合也正是木材纹理深受人们喜爱的原因之一（1999）。

4.3.4　其他色彩优势

4.3.4.1　表面光泽度

木材的光泽是指木材对光线的反射与吸收能力，尤其是光的反射能力。反射性强的木材光亮醒目，反射性弱的则暗淡无光。通过比较木材、白色瓷砖、大理石、白色涂料、金属等不同材料的光反射率发现，白色瓷砖片会对光线形成定向反射，反射率高达 80% 以上；大理石的光反射率为 60%~70%；白色涂料的光反射率为 70%~80%；金属的反射率更高，有的可达 90% 以上；但木材的光反射率仅为 35%~50%。人眼感到舒服的光反射率为 40%~60%。因此，木材具有比其他材料更宜人的柔和光泽。对木材表面光泽度的研究发现，木材具有较强且各向异性的内层反射现象。木材是多孔性材料，其表面由无数个微小的细胞构成，细胞切断后就像无数个微小的凹面镜。在光的照射下，会出现漫反射或吸收部分光线，不但会将令人眩晕的光线变得柔和，而且凹面镜内反射出的光泽还有着丝绸般的视觉效果。因此木材仿制品难以代替真实木材的表面效果。木材对波长 330nm 以下的光线反射率在 10% 以下，表明木材能够大量吸收阳光中的紫外线，减轻紫外线对人体的危害的作用；木材对波长 780nm 以上的光线反射率高达 50% 以上，说明木材能够反射红外线。因此，室内木材率的高低会影响人的温暖感受。

当一束光照射到纸、塑料、漆膜等非金属物表面之后，有一部分光在空气与物体的界面上反射，这部分称为表面反射。还有一部分光会通过界面进入到材料内层，在内部微细粒子间形成漫反射，最后再经过界面层形成反射光，这部分称为内层反射。

表面反射遵循菲涅耳（Fresnel）关于透明体边界层（further pushedf forward）的反射理论，反射率由折光指数决定，反射光的颜色几乎与入射光相同，与物体的固有色有关。纸、塑料、漆膜等的折光指数为 1.5~1.6，垂直入射时的表面反射率（Po）为 4.0%~5.3%，随着入射角的变大，反射率也变大。内层反射实际上是极靠近表面层内部的微细粒状物质间的扩散反射，与表面反射相比更接近于均匀扩散。由于选择吸收的原因，内层反射能显示物体的固有色。

物体的反射性可用反射特性函数（P）表示，也可用反射率 R 表示，几种树种的木材表面反射率见表 4-2。

表 4-2　几种树种的木材表面反射率

树种	$R_{M\perp}$	$R_{D\perp}$	$R_{\perp}$	R_M	R_D	R	R	$R_{M\perp}/R_{\perp}$	$R_{M\#}/R$
扁柏	0.471	0.277	0.748	0.117	0.381	0.498	0.623	0.630	0.235
桐木	0.456	0.204	0.660	0.146	0.312	0.458	0.559	0.691	0.319
柳杉	0.576	0.084	0.660	0.095	0.188	0.283	0.471	0.873	0.336
柚木	0.183	0.083	0.266	0.043	0.057	0.100	0.183	0.688	0.430
柚木（涂饰）	0.237	0.029	0.266	0.099	0.038	0.137	0.201	0.891	0.723
木纹纸	0.169	0.194	0.363	0.151	0.178	0.329	0.346	0.466	0.459

注：R—反射率；M—表面；D—内层；$\perp$—入射光垂直于纤维方向；$\#$—入射光平行于纤维方向。

由表 4-3 可知，未涂饰木材表面反射成分的反射率，特别是与木纹方向垂直的 $R_{M\perp}$ 通常要比漆膜（5% 左右）大得多；与木纹平行方向的 $R_{M\#}$ 均较低。总而言之，未涂饰木材具有独特的光泽感。另外，还可以用反射光扩散能 δ 来表征反射光的强弱，δ 越接近于 1，正反射的方向性越差；δ 越小，正反射的方向性越强。由表 4-3 可知，未涂饰木材在垂直于纤维方向的内层反射呈均匀扩散性，而涂饰木材的表面呈现很强的正反射性。

表 4-3　木质材料的反射光扩散能

树种	$\delta_{M\perp}$	$\delta_{D\perp}$	$\delta_{M\#}$	$\delta_{D\#}$
扁柏	0.746	0.978	0.182	0.837
桐木	0.954	0.984	0.355	0.944
柳杉	0.753	1.022	0.174	0.822
柚木	0.883	0.438	1.127	1.017
柚木（涂饰）	0.201	1.008	0.101	1.210
木纹纸	0.247	1.188	0.241	1.184

注：δ—反射光扩散能；M—表面；D—内层；$\perp$—入射光垂直于纤维方向；$\#$—入射光平行于纤维方向。

综上所述，未涂饰木材表面不同方向的反射特性差别明显，其表面反射的反射率比一般漆膜表面要大得多，由此可以推定未涂饰木材的表面有其独特的光泽感。另外，涂饰木材的表面反射成分与木纹方向无关，且有很强的方向性：印刷木纹纸的表面，如未经特殊处理，其表面很难出现未涂饰木材表面的反射特性，但能达到涂饰木材的表面特性。

木材的光泽与木材的反射特性有直接的联系，平行纹理方向的正反射量较大，垂直纹理方向的正反射量较小，所以木材在不同方向的光泽度测量值以及光泽特性曲线也各不相同。通常光泽的最大峰值出现在反射角为 60° 时，但不同材料的波峰大小有很大差别。大理石、不锈钢板、平板玻璃的峰值较大，且分布范围很集中；木材及印刷木纹表面光泽度的分布范围较广，峰值也较低。未经涂饰的木材在不同方向的光泽曲线差别明显，垂直于纤维方向入射条件下所测得的曲线相对于平行入射情况要平缓得多，经涂饰后这种差别降低。日常生活中，人们可以靠光泽的高低判别物体的光滑、软硬、冷暖及其相关性。温暖感不但与颜色有关，而且与光泽度也有关。

4.3.4.2　视觉心理量

木材给人的视觉心理量很多，其中最重要的有 14 个，它们分别是："优美""温暖""喜爱""明快""上乘""现代""洋气""刺激""舒适""豪华""柔软""沉静""素雅""大方"。其中，"优美""温暖""喜爱""明快""上乘""现代""舒适""豪华""大方"，属于第一主成分视觉心理量，称为通常性或一般性视觉，可以反映人们在日常生活中对木材的一般性心理感受和要求，如美观要求、质量档次、气派程度、新潮与否、亲近感程度等。"洋气""刺激""柔软""素雅"属于第二类视觉心理量，"沉静"属于第三类视觉心理量。

第二、第三类是特殊性视觉心理，在某种程度上反映了人们对木材表面的一些独特性心理感受和要求，比如西洋风格、脱俗的奇异感、深沉的稳重感等。这些心理量之间相互联系，例如：喜爱是对木材表面视觉喜好的综合心理倾向，与它相关联的依次有"优美""现代""上乘""大方""舒适""豪华""明快""洋气"；舒适感是评价木材居住性的一个重要视觉心理量，可用于反映人们对木材、瓷砖、大理石等材料的表面视感的综合心理要求，与它相关联的依次有"大方""明快""柔软""素雅""优美""温暖""刺激"；上乘感源自环境的视觉品位与美感。木材具有独特的视觉品位和美感，因而木材使用率的升高，会提升上乘感。上乘感与木材质量评价有直接的联系，它影响到装饰用材、家具用材的质量和价格的评估。与它相关联的依次有"现代""豪华""优美""洋气""大方""温暖""刺激"；刺激感比较强的木材表面，可以给人以与众不同、超凡脱俗的新奇感觉，并带来"豪华""上乘"等心理联想，刺激感低的木材表面，给人以"素雅""沉静"的心理联想。因此，必须适当把握"刺激"的感觉程度。例如，客厅为了体现"豪华感"和"上乘感"，需增强"刺激感"；卧室为强调"舒适感"，应降低"刺激感"，并提高与"舒适感"呈正相关的视觉心理感量——"大方""柔软""素雅""优美""温暖"；书房为获得"素雅""沉静"的视觉环境，也应该适当降低"刺激感"。不同性别、年龄、性格、职业的视觉心理特点会有很大不同。多数男性、青年、文艺工作者和性格开朗豪爽的人，更关注"豪华""大方""现代""刺激""明快""洋气""上乘"等视觉心理量。而多数女性、年长者和性格温和细腻的人，更关注"舒适""柔软""优美""素雅""沉静"等视觉心理量（图4-3）。

木材视觉心理量与视觉物理量有密切的关系。例如表征"明快""素雅""轻松"等心理感觉的数字随着明度指数 L^* 的升高而增大，说明材色明度值的变化对心理量有影响；"温暖"视觉心理量与色品指数 a^*、b^*、色饱和度 C^* 均呈正相关，说明材色中属温暖色调的红黄成分会给人以温暖感；而"豪华"视觉心理量与色品指数 a^* 呈正相关，与明度指数 L^* 和亮度指数 $-Y$ 呈负相关，说明材色中偏暗红成分的增加会给人以豪华、典雅、高贵的感觉（刘一星 等，1995）。

节子是木材表面自然存在的东西。仲村匡司等对木质壁板的节疤、凹槽与人心理量间的关系作了调查研究，结果表明，适当的节疤会起到一定的装饰效果，给人纯朴、自然的感觉，但节子的视觉心理感觉因东西方人的生活环境而异。节子会给东方人带来缺陷、廉价的感觉；西方人则对节子情有独钟，认为它有自然、亲切的感觉。因此，东方人想尽一切办法去除材面的节子，而西方人则设法寻找有节子的表面。

在室内，木质材料视觉环境的设计效果即木质材料的设计风格、设计成的立体结构、在室内空间的摆放位置等，均会对人体的视觉心理及生理造成冲击、产生影响。木质材料先天具有优美的视觉特性，其视觉环境学品质十分特殊，对人们的心理和生理健康有着比较重要的影响。人们根据各自需求及喜好所构筑的木质材料视觉环境装饰空间，对居于其中工作和学习的人有着潜移默化的影响，这一点也已为许多研究所证实。

图4-3　根据使用场景的不同选择带给人不同视觉心理量的木材

4.4 室内空气品质

室内空气品质是指室内空气的组成成分、含量及其对人体心理和生理健康的影响。人的一生有 80% 以上的时间是在室内度过的。室内空气品质对人的身心健康、舒适度、工作效率都会产生直接的影响。

4.4.1 室内空气品质的定义

1989 年丹麦哥本哈根大学教授 P.O.Fanger 提出了室内空气品质（indoor air quality，IAQ）的定义：品质反映人们要求的程度，如果人们对空气满意，就是高品质，反之就是低品质。该定义说明了室内空气品质的本质归结为人的主观感受，是主观评价。

英国 CIBSE（chartered institute of building serrilces engineers）组织认为满足以下条件的 IAQ 是可接受的：少于 50% 的人能察觉到任何气味；少于 20% 的人感觉不舒服；少于 10% 的人感觉黏膜刺激；少于 5% 的人在不足 2% 的时间内感到烦躁。该定义也是主观评价。

美国供热制冷空调工程师学会（American society of heating，refrigerating and air-conditioning engineers，ASHRAE）颁布的标准 ASHRAE62—1989《满足可接受室内空气品质的通风》中对 IAQ 的定义：空气中的污染物浓度没有达到权威机构所确定的有害物浓度指标，并且处于这种空气中的绝大多数人（≥ 80%）未对此表示不满。该定义是主观评价与客观评价相结合。

修订版 ASHRAE62—1989R 中对 IAQ 提出了两类定义（1996 年提出，当前基本认同）：可接受的室内空气品质（acceptable indoor air quality）应该满足，装有空调的空间中绝大多数人没有对室内空气表示不满意，并且空气中已知污染物没有达到可能对人体产生严重健康威胁的浓度。感受到的可接受的室内空气品质是指，空调空间中绝大多数人没有因为气味或刺激性而表示不满（达到可接受的室内空气品质的必要条件）。该定义涵盖了客观指标和人的主观感觉，既科学又全面。

我们现在定义的室内空气品质是指一定时间和一定

区域内，空气中所含有的各项检测物达到恒定不变时的检测值，是用来指示环境健康和适宜居住的重要指标。主要的标准有含氧量、甲醛含量、水汽含量、颗粒物等，是一套综合数据，能够充分反应某地的空气状况。

4.4.2 室内空气品质的评价

伴随室内空气品质的定义发展起来的是室内空气品质评价。室内空气品质评价是人们认识室内环境的一种科学方法，它是随着人们对室内环境重要性认识不断加深而提出的新概念。由于室内空气品质涉及多学科的知识，它的评价应由包含建筑技术、建筑设备工程、医学、环境监测、卫生学、社会心理学等多学科的综合研究团队联合完成。当前，室内空气品质评价一般采用量化监测和主观评价结合的手段进行。其中，量化监测是指直接测量室内污染物浓度来客观了解、评价室内空气品质，主观评价是指利用人的感觉器官进行描述与评判（沈晋明，1995，1997）。

客观评价的依据是人们受到的影响与各种污染物浓度、种类、作用时间之间的关系，同时还利用了空气龄（age of air）、换气效率（air exchange efficiency）、通风效能系数（ventilation effectiveness）等概念和方法（李先庭 等，1998，2001；SANDBERG et al.，1983；SANDBERG et al.，1983；赵鸿佐 等，1996）。由于室内往往是低浓度污染，这些污染物长期作用于人体的危害还不太清楚，它们影响人体舒适与健康的阈值和剂量也尚未可知。大量的测试数据表明，室内这些长期存在的低浓度污染物即使在 IAQ 状况恶化、室内人员抱怨频繁时也很少超标。另外，室内有成千上万种空气污染物同时作用于人体，选用哪些污染物作为客观评价的标准还需进行大量的研究。所以室内空气品质的客观评价有其局限性。人们的反应跟其个体特征密切相关，即使在相同的室内环境中，人们也会因精神状态、工作压力、性别等因素不同而产生不同的反应。因此，对室内空气品质的评价必须将上述各种主观因素考虑在内。但人的感觉往往受环境、感情、利益等方面影响，这会使主观评价出现倾向性。

国外对此进行了大量的研究，内容包括对大量建筑进行客观评价、主观评价、二者相结合的评价或室内空气品质与人体热舒适性相结合的评价（Alan Hedge，1996）。国内也有学者提出评价室内空气品质及提高室内空气品质的较为实用的具体工作流程（沈晋明，1997）。但现阶段仍缺乏实质性的研究和权威性的评价方法。

随着计算机技术的发展，利用计算流体力学对室内空气流动进行数值模拟的方法应运而生。数值模拟方法通过求解质量、动量、能量、气体组分质量守恒方程和粒子运动方程，得到室内各个位置的风速、温度、相对湿度、污染物浓度、空气龄等参数，从而分析评价通风换气效率、热舒适性和污染物排除效率等。数值模拟方法具有周期短、费用低等特点，并且具有预见性，因此近10年来得到了长足的发展。随着计算机运算速度的提高、计算流体模型的完善，数值模拟方法将会成为室内空气品质客观评价的有效工具（李先庭 等，2000）。

4.4.3 室内空气品质问题

随着工业企业不断发展，空气中不同程度地夹带了各种各样的污染物。通常在自然通风的空旷室外，空气中的污染物不会影响人们的身体健康，但随着人们居住条件的提高，家庭装修普遍化，而且为了节约能源，室内通常处于密闭状态，导致室内污染物浓度过高，从而影响人们身体健康。为了规范装饰材料、建材等的质量，保护人们的身体健康，国家颁布了 GB 50325—2001《民用建筑工程室内环境污染控制规范》，其中就室内空气污染中对人体影响最严重的五种污染物在民用建筑工程中的浓度提出了限制条件，详见表4-4。

表4-4 五种污染物在民用建筑工程中的浓度限值

污染物	Ⅰ类民用建筑工程限值	Ⅱ类民用建筑工程限值
氡（Bq/m³）	≤ 200	≤ 400
游离甲醛（mg/m³）	≤ 0.08	≤ 0.12
苯（mg/m³）	≤ 0.09	≤ 0.09
氨（mg/m³）	≤ 0.2	≤ 0.5
TVOC（mg/m³）	≤ 0.5	≤ 0.6

其中Ⅰ类建筑包括住宅、医院、老年公寓、幼儿园、学校教室等；Ⅱ类建筑包括办公楼、商务、旅店、文化娱乐场所、书店、展览馆、图书馆、体育馆、公共交通场所、餐厅、理发店等。

室内空气品质（IAQ）问题近年来引起专家学者、城市居民及管理阶层的广泛关注。从全局系统的观点看，IAQ 问题是一个有机的整体，彼此之间并非毫无关联。然而 IAQ 问题涉及的表面现象繁多、影响因素复杂，仅凭感性认识和经验难以判断这些因素间的关系。尽管有很多论文定性分析了影响 IAQ 的因素，但对这些影响因素的内在联系却缺乏探讨。文远高、连之伟利用系统工程的原理，在复杂的 IAQ 问题之间建立了结构模型，将实际调查、理论研究、专家经验与模型分析、定性分析、定量计算相结合，从整体上分析 IAQ 问题，为合理地解决 IAQ 问题提供科学依据及相应对策（2009）。

木造住宅的碳释放量很小，是混凝土住宅碳释放量的 1/4，约为钢预制住宅碳释放量的 1/3。由此可见，木造住宅不仅可以净化空气，而且其本身就是碳素的贮藏库。随着木造住宅的增加，大气中 CO_2 的含量将逐渐减少，有利于缓解温室效应（于海鹏 等，2003）。

室内空气质量的好坏对人的健康及工作效率有很大影响，室内空气污染已成为当今室内环境存在的最大问题（池田耕一，1997）。有关研究结果表明，木材为有机生物材料，不像花岗岩、大理石、灰渣砖等无机材料会产生较强的 γ 辐射，因此木质建筑装饰材料和木制家具等不会对人体造成 γ 辐射危害。对于诱发肺癌的主要因素——建筑材料内氡（Rn）放射的问题，一直备受建筑界人士关心。岩石、土壤、多种建材都含有镭（226 Ra）元素，该元素裂变时会产生氡气，一部分会扩散到大气中。氡裂变时放射出 α 射线，该射线能量高达 4.6~7.69 MeV，对生物体有很强的电离作用，尤其会使人类支气管上皮组织的染色体发生突变，从而引发肺癌。对各种建材进行氡放射量测定，结果表明放射物浓度在干燥器内达到平衡时，混凝土类建材（包括水泥木丝板）放射的氡比木质建材高 100 倍左右（周晓燕 等，1998）。研究发现，厚度为 0.1~1.3 cm 的木材，可使氡的浓度下降

90%。因此，木材可以作为很好的氡密封剂用于建筑装饰方面，从而大大降低室内环境中的氡污染，保护人体健康。山田正等对木竹结构教室与混凝土结构教室进行了氡放射量的测定，结果表明，木竹结构教室内氡浓度为 7~18 Bq /m³，混凝土结构教室内氡浓度为 53~82 Bg /m³，比木竹结构教室高出 5 倍多（山田正 等，1990）。

虽然木质材料在降低居室氡浓度方面起了一定的作用，但是随着居室木质材料，尤其是木质复合材料用量的增加，又带来了一个新的环境问题——木质人造板游离甲醛的释放问题，这也是木质人造板难以在建筑行业中得到广泛应用的主要原因之一。目前，国内外已对木质人造板游离甲醛释放问题做了大量细致的研究工作，如建立和完善评价游离甲醛释放量的标准；深入研究木质人造板游离甲醛释放机理；仔细探讨各种胶粘剂制造工艺和人造板制造工艺对游离甲醛释放量的影响；提出了多种降低游离甲醛释放量的方法。采用低摩尔比的脲醛树脂、MUF、PMUF 等改性树脂和异氰酸酯树脂等；使用甲醛捕捉剂，如木素、单宁、豆蛋白胶等；使用氨水清洗或进行真空放置处理等措施，均使木质人造板的甲醛释放量有了不同程度的减少。部分研究成果已被应用于生产实践中，并取得了良好的效果。

木材中除其三大主要组成成分以外，还有一定的内含物。木材在使用时就会向环境中释放这些物质。这些物质中，有些能够杀灭空气中的细菌，有些还具有祛病健身的功效。如松木有消炎、镇静、止咳的作用，椴松可使结核菌或白喉菌无法生存，杉木可刺激大脑使之更为活跃。吸入木材内含物中的精油可降低人的血压和心电图的 R-R 间隔变动系数、提高工作效率等（宫崎良文，1998）。因此可以说，这类木材的使用改善了环境中的空气质量。

4.4.4　室内空气品质问题产生的原因

20 世纪 80 年代以来，出现了三种与建筑物有关的疾病名称。第一，建筑物综合征，其特点有：发病快，进入建筑物瞬间或数周（月）便出现眼部刺激、头痛、疲劳乏力等状况；患病人数多，建筑物内 20% 以上人患有此病；病因难确认，难找出诱发疾病的因素或污染物；患者离开发病现场症状即缓解或消失。第二，建筑物关联症，其特点有：患者出现发热、过敏性肺炎、哮喘、传染性疾病等症状；病因可确认，能找到污染源；患者离开现场症状也不会很快消失，必须治疗。第三，化学物质过敏症，其特点为：患者出现眼部刺激、鼻咽喉痛、易疲劳、运动失调、失眠、恶心、哮喘、皮炎等症状；症状为慢性且有复发性；由低浓度化学物质引发；对多种化学物质过敏；多种器官系统同时发病。

21 世纪初建设部发布了我国室内环境污染的十大典型案件：2001 年 12 月北京一住宅装修甲醛超标 25 倍致癌；2001 年 9 月北京一卧室家具甲醛超标 6 倍致业主身体不适；2000 年 7 月涉外美国某律师事务所北京办事处室内装修甲醛超标致工作人员身体不适；2000 年 4 月北京一住宅装修甲醛超标导致使用者患病；1998 年 10 月天津一住房氨超标 10 倍致业主身体不适；2003 年 3 月一新车内部甲醛超标 26 倍致车主身体不适；2003 年 7 月南京一住宅装修甲醛超标，使业主感觉刺激、居住不适；2003 年初广东一新居装修甲醛超标 4 倍导致孕妇流产；2004 年 2 月北京现代城氨超标，使业主感觉刺激、居住不适。

4.4.5　室内空气品质改善措施

我国于 2003 年 3 月开始实施《室内空气质量标准》，为改善室内空气品质提供了执行的技术标准。要改善室内空气品质必须做到标本兼治，控制污染源是改善室内空气品质的根本，改进暖通空调系统的设计和运行则是提高室内空气品质的保证。

建筑设计要遵循生态环境的设计原理，尽可能利用当地的自然生态环境，运用生态学、建筑科技的基本原理，与现代科学技术手段相结合，合理地安排并组织建筑与其他因素之间的关系，使建筑与环境之间形成良好的室外气候条件，改善城市微气候，削减当地环境污染对大气造成的影响，从而也保证建筑具有良好的室内空气质量。在房屋建造和取材时必须用坚固、耐久且不散发有害物质的材料，装修时尽量采用释放 VOC 较少的材料、胶水、涂料、油漆等，并在装修好后，开窗换气，待室内 VOC 浓度降至很低后再入住。提倡接近自然的装修方式，尽量少用各种化学及人工材料，装修时要保证卫生洁具的水封满足设计要求，防止有害病菌在建筑物内交叉污染。不在室内吸烟，控制烟气的产生，不使用或少使用清洁剂、消毒剂、防腐剂和杀虫剂等化工产品，减少室内有害物质的含量。要保证充足的新风量，标准 ASHRAE 62—1989 认为房间的最小新风量应由每人所需最小新风指标和每平方米面积所需最小新风标一起确定。

另外，此标准中有关变风量控制的内容中明确指出，在变风量系统全年运行中，确保新风量要始终保持在设计新风量的 90% 以上。此外，还应加强新风与回风的过滤，确保新风三级过滤处理已应用在工程上。所谓新风三级过滤，就是在传统新风机组只有初效过滤器的基础上，再增加中效和高效过滤器的设计模型，从而极大地降低由新风带入室内的尘菌浓度，同时也可在一定程度上延长系统部件的寿命（邹国荣等，2005）。

5

木竹结构建筑室外环境

现今，人居环境的舒适性、健康性、宜居性受到广泛关注，人们对改善和优化自身所居住的环境也愈加重视。建筑外环境可以提供良好的居住体验，丰富人们的生活感受，是建筑综合评价中不可忽视的一部分。在众多建筑类型中，木竹结构建筑具有不可替代的特点和优势，在全世界范围内以其绿色环保性、可循环性、生态性等突出的优势得到了广泛的发展，在促进节能降耗、保护环境、实现建筑绿色生态可持续发展方面具有重要作用。

木竹结构建筑的材料具有环境友好性，不同于钢筋混凝土等建筑的材料，木材本身就是自然的一部分，和生态环境自身的循环没有冲突性。此外，木材本身具有生物活性物质的性质，其自身对湿度、温度、紫外线等因子的调节能够很好地保障人们的健康（蔡良瑞，2007）。

因此，在木竹结构建筑中，可对材料和环境性能采用综合评价的方法，进一步结合自然环境和人文地理等方面的评价，分析全社会的能耗和环境对整个木竹结构建筑性能的影响，解析木竹结构建筑在涉及人的心理生理环境和社会生活方面的性质及问题，使居住者能够清楚地了解木竹结构项目在建筑运行和维护过程中内外部各环节的能耗及其性能对环境

的影响。

建筑与室外环境既是相辅相成，又是相互作用的。建筑的室外环境可视作自然环境和人造环境两大类，自然环境宏观上包括一切自然系统下的事物，自然环境对建筑的影响更具不可预测性。人造环境则更偏向于为完善建筑功能和提高建筑使用感受而创造，是基于人类活动和生活习性的产物，相对自然环境而言，是可设计可改造的。

5.1 室外自然环境

5.1.1 水环境

人们通常误以为自然界中的水是木材的敌人，但事实并非如此，木材属于生物材料，自身细胞就存在一定的水分调节能力，其含水率也是人为可调节的。现在的木材处理技术，基本可以实现其使用性能和要求。在多雨或潮湿地方，木竹结构建筑仍然保持良好的建筑性能的关键在于设计和建造以木材为基础的建筑产品时，了解如何处理水分。

严格意义上来讲，水并不会制约木材性能，只是会滋养一些以木材为养料并破坏木材性能的真菌

和细菌。事实上，相比于其他常用的建筑材料，如熟石膏板、干墙、非木质地板覆盖材料、吸音天花板砖及室内陈设，木材更不容易因为偶尔被浸湿而受到永久损坏。一般而言，一栋建筑物中最需要安全防潮的部分是建筑物外壳，特别是屋顶薄膜，它应尽可能排水，但在积水时又需保持防水性能。如果建筑物面层具备良好的排水性能，那么该建筑物中的其他建筑部件不一定需要防水，而仍可保持稳定的使用性能。

木材自然地吸收和释放水分，并以此保持其与外界环境的平衡。在建筑物外层、防风雨层完好无损的建筑物中，木材可能遇到的唯一一种能导致其潮湿的水因子是水蒸气。这种无色无味的气体少量存在于空气中，它对木材本身并不会构成威胁，只有当木材接触到液态水的时候，才会出现危险。但即使在此情况下，木材仍可以安全地吸收大量水分，而不会达到维持腐蚀性真菌生存的含水率。

含水率 (MC) 测量的是一块木材含有的相对于其本身重量的水分。计算木材含水率的方法是用一块指定木材样品中水的重量除以该木材完全干燥时的重量；200% 的含水率指一块木材中水的重量是其重量的两倍，即这块木材自身有 2/3 是水。

木材的含水率有两个界值性的数据 19% 和 28%。若木材的含水率等于 19%，那么可以认为该木材是干燥的；木材含水率在 28% 时达到纤维饱和，纤维饱和是收缩和腐蚀的基准点，木材在纤维饱和时其细胞壁容纳了所能承受的最大容量的水，由于没有自由活动的水分，具有腐蚀作用的生物不能生长。因为木材只在水进入或离开其细胞壁时膨胀或收缩，纤维饱和点也代表木材收缩的极限。当木材的含水率超过 28% 时，其体积不会再改变，木材的含水率最终将会稳定至一个数值，室内稳定在 8%~14%，在室外为 12%~18%。这也是木材具备空气湿度调控功能的作用原理，木材向干燥的空气释放湿气，并从潮湿的空气吸收湿气。用以上方式木材改变含水率的同时也会稍微改变其体积，木材含水率从 28% 下降至 19% 时的收缩程度最大。只要是用干燥炉在某些控制条件下预先干燥至 19% 含水率的木材，就可避免绝大多数的体积变化。这些木材经过预先收缩，在最大程度

上仍能保持其安装时的尺寸大小，因此可将已完工房屋所用木材的尺寸变化减到最小。

5.1.2 光环境

5.1.2.1 日照与建筑日照

阳光直接照射到物体表面的现象称为日照。建筑日照是根据阳光照射原理和日照标准，研究日照和建筑的关系以及日照在建筑中的应用。研究建筑日照的目的是充分利用阳光以满足室内光环境和卫生要求，同时防止室内过热。阳光可以满足建筑物采光的需求；在幼儿园、疗养院、医院的病房和住宅中，充足的阳光还有杀菌和促进人体健康等作用；在冬季可提高室内气温。日照过弱或过强均对健康不利，故按照这一原则运用计算机模拟技术进行住宅建筑的设计规划，以达到满足人类居住的日照标准。

在住宅设计中，实际日照是建筑设计标准中的一项重要指标，通常以日照时间最短的冬至日的日照时间和质量对建筑物的日照进行衡量，不同类型的建筑对建筑日照要求不同，生活用房和医疗用房的建筑日照标准要求不同。影响建筑日照的因素有很多，包括住宅布局、住宅日照间距、房屋朝向等；当建筑物外形、朝向和间距不满足日照要求时，应对建筑物进行日照调整（于洪伟 等，2011）。

（1）住宅布局

适当的住宅布局不但能够使居住者接受充足日照、保持健康，同时还能营造良好的生活和工作氛围，使居住者心情舒畅，提高生活质量和工作效率。如有利于提高在校学生的学习效率（Leslie R P，2003）。美国日光研究中心一项双色光模型试验的结果解释了日照提高人们工作、学习效率的原因：日照对人体生理学机制具有良性调控作用，共同控制着人体生物钟以及生理节奏，如褪黑素的抑制作用、激素水平变化等（FIGUEIRO et al.，2006）。

在建筑设计阶段，以太阳方位角的变化和周围地理环境为基本依据，既能保证日照质量，也能使住宅建筑环境不单调。国外众多研究大多根据当地日照条件，运用建筑学原理和相关技术预测某一地区的具

体日照情况，为以后建筑选址提供参考（袁博成 等，2009）。为确定临街住宅的采光，Tregenza 在获得太阳直射光、天空反射光和地面与建筑物垂直面的入射角和反射角等信息后，运用光通量分离测量法（split-flux method）计算平均日照因数以及阴天状态下的室内光反射系数，进而得出当地室内的平均有效照度（1995）。利用当地日照资料和建筑学相关原理和技术不仅能为日后建筑选址提供参考，更能计算出建筑的日照标准，并与国家标准相对照，还能避免采光问题引发的纠纷。日照对住宅布局的影响也并非局限于获得充足的日照时间和质量。此类研究不仅为建筑业提供必要的参考资料，而且能为城市规划布局作出贡献（KHALED et al.，1996）。

在具体住宅布局设计阶段，要充分利用太阳方位角变化，采取灵活多样的方式提高日照质量、丰富空间环境，如住宅上下或左右错开布置、条式住宅与点式住宅相结合布置、住宅建筑与公共建筑混合布置等。由于公共建筑对日照的要求不高，因此可以设置在日照较少处。

建筑内部设计过程中还需要考虑住宅门、窗等的方向、高度和形状。实现建筑物对阳光的充分采集有两个途径：通过门、窗、天窗等把阳光导入室内；利用纵向的通风口、阳台等进一步使阳光尽可能多地进入室内，为营造健康而舒适的环境奠定基础（谢浩，2004）。除此以外，日照标准的设定需综合考虑气候条件和纬度条件等因素，这样才能为不同地区设定相对独立的日照标准，进而才能提高住宅建筑日照设计工作的科学性和合理性（吴英子，2019）。

许多城市的地方日照标准和国家所要求的标准存在差距，并且也没有相应的技术指导，导致建筑日照问题越来越突出，保证建筑室内日照充足是提升居住环境质量的重要环节之一，我国南北纬度相差幅度较大，高纬度地区的日照间距大于低纬度地区，因此难以设定统一的日照标准，再加上部分大城市人口相对集中，因此出现了较为严重的用地矛盾。如果按照统一的日照标准开展设计，则很难满足大城市住宅建设日照需求（吴英子，2019）。虽然建筑用地日益紧张，但是通过科学合理地设计和规划，保证居住者的日照还是能够实现的（袁博成 等，2009）。

（2）住宅日照间距

所谓日照间距，就是指建筑物调为保证阳光不受遮挡，能直接照射到房间内应留出的距离。

住宅日照间距主要是为了使后排房屋不受前排遮挡，并保证后排房屋底层的南面房间具有一定的日照时间。日照时间的长短，由房屋和太阳相对位置的变化关系决定，此相对位置以太阳高度角和方位角表示。住宅日照间距主要受太阳高度角、太阳方位角、建筑方位角、前排建物的高度和后排窗台高度等因素的影响。确定以上因素后，根据相应计算公式即可得到某地的住宅日照间距（陈步尚 等，2007）。

利用计算公式得到相应日照间距，仅是确定住宅日照间距的一个基本步骤。以锦州地区为例，在获得该地区各季节太阳位置数据的基础上，通过计算发现，层高及层数、栋深以及台阶式多层设计对住宅建筑间距都具有一定影响。该研究认为，楼层数一定，层高越高，需要的住宅日照间距越大；楼层层高一定，层数越多，需要的住宅日照间距也越大；加大栋深，使日照带也随之向内推进，因此可以缩小建筑间距，节约用地，这一点也被国外相关研究证实；台阶式住宅的特点是按照太阳高度角来设计顶层剖面形式，减小顶层栋深，从而缩短住宅楼之间的日照间距（王东淳，2008）。如图 5-1 所示。

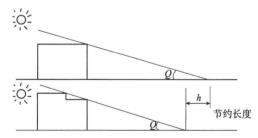

图 5-1　台阶式多层住宅缩短日照间距示意图
（引自《房屋日照间距与提高住宅建筑密度》）

（3）房屋朝向

实现室内冬暖夏凉为确定房屋朝向的主要依据。主要考虑太阳的辐射强度、日照时间及常年主导风向等因素。我国绝大部分地区的太阳辐射强度从南向北递减。纬度高则太阳高度角小、阳光热力弱，纬度低则太阳高度角大、阳光热力强，因此在相同日照时间下，得到的辐射热力不同。根据季节变化，南向住宅虽然在夏季受到太阳照射的时间较长，但因太阳高度角大，从南向窗户照射到室内的深度和时间都较少。在冬季，由于太阳高度角小，南向住宅从南向窗户照射到室内的深度和时间反而比夏季多。这样就有效避免了夏季日晒而冬季受到充分日照（严萍等，2006）。相关研究表明，长时间接受高强度日照会导致多种黑素瘤（ARMSTRONG et al.，2001），但持久接受适宜强度的日照则有益健康（Comprehensive Cancer Centres，2006）。因此，我国房屋的最佳建筑朝向为南。在南方炎热地区，除了要保证冬季日照，还要有利于通风、避免夏季日晒，因此住宅的建筑朝向不宜为西；在北方寒冷地区，着重考虑保障冬季的充足日照，因此住宅的建筑朝向不宜为北（严萍 等，2006）。为判断当地的最佳建筑朝向，应结合通过调查研究、分析评价得到的数据。

（4）住宅建筑本身特点

住宅建筑本身特征，如建筑物的外形、建筑材料等因素同样影响住宅日照。住宅建筑物外形（长、宽、高比例）不同，接受日照的比例和面积也不同。在综合考虑城市气候学和城市规划设计原理的基础上，将日照强度值（solar exposure）、天空反射光因数（sky viewfactor）、建筑效能（building efficiency）等气候学变量引入计算机建筑模型，可以预测住宅建筑的采光和散热功能（Mills G，1997）。通过改变建筑物长、宽、高的数值来达到不同纬度条件下，采光和散热的最适值，根据不同纬度进一步确定住宅采光的最佳设计。其次，住宅建筑材料，尤其是门窗玻璃等材料的使用直接影响日光的穿透力。目前国内外玻璃式建筑逐渐增多，不但外表美观清洁，而且还具有良好的采光性能。Kima 等通过建立比例模型，根据太阳几何学原理计算室内反射光水平方向照射强度与室外太阳水平直射强度的比值，即日光照射比（SIR）（2003）。由于冬季日照强度低，夏季日照强度高，SIR 值在冬季高而在夏季低。因此，玻璃建筑内部环境更符合冬暖夏凉的舒适标准，并且室内采光标准接近自然光。由此可见，玻璃建筑可以保证人体获得必要的采光。对于非玻璃建筑而言，由于其门

窗材料的遮光性较差，导致室内温度过高，会使居住者感到不适。针对玻璃涂层的研究表明，玻璃涂层的使用能够有效减少日光直射并保持室内适宜温度（LI et al.，2004）。目前，玻璃涂层的使用率也正逐渐提高。

5.1.2.2　建筑遮阳

（1）建筑遮阳的分类

建筑物遮阳的方式种类繁多，从不同的角度可以把遮阳作不同的分类。按遮阳设施使用时间可分为永久性、季节性及临时性遮阳；按遮阳产品的材料特性可分为刚性及柔性遮阳，按遮阳系统的可调性可分为活动式及固定式遮阳；按遮阳设施主体可分为自然及人工遮阳；其中植物遮阳属于自然遮阳；按位置可分为内遮阳、自遮阳、外遮阳及窗中空遮阳；按布置形式可分为水平、垂直、综合及挡板遮阳，不同依据下分类各不相同（林佳琳 等，2020）。遮阳措施的选择是综合分析的过程，每种形式也可衍生出多种遮阳产品，下面就几种常见措施进行分析。

①按遮阳设计的手法及制作形式分类

建筑简易遮阳是利用建筑互相遮阳与自身遮阳的遮阳方式，由建筑建造时的特点决定的。这种简易遮阳一般是固定不可调节的，不需要后期进行维护，因此其遮阳效率有不受人为控制等特点。常见的方式有以下两种：一是建筑互相遮阳。通过建筑群的紧密位置与建筑自身的凹凸关系产生阴影实现遮阳。这种简易的遮阳方式在我国江南的民居中得到广泛的应用，街道狭长进深大，两侧与邻房紧靠或只用狭小的胡同相隔，将直接采光处有意识地置于建筑的阴影处，利用彼此之间的互相遮阳，以适应当地炎热的气候（图5-2）。二是建筑自遮阳，如挑檐、骑楼、花格窗等。特点是它们都是建筑其他功能构件，同时能起到建筑遮阳的作用。如挑檐骑楼等有避雨、为人们提供活动空间等作用，花格窗则缘于建筑装饰的需要。这种遮阳方式自古有之，从古罗德建筑柱廊到现代主义建筑大师赖特设计的草原住宅都可以看到它的身影。遮阳效果好，同时富有地方特色，建造容易，缺点是耐久性稍差（图5-3）。

图 5-2　江南民居的互相遮阳

图 5-3　花格窗

建筑附加构件遮阳指以遮阳为主要目的而增加在建筑上的各种措施，与建筑简易遮阳相比，它更具灵活性，遮阳效果也更为明显。建筑构件遮阳的种类繁多、形式多样，建筑本身的构件也可对遮阳起到一定的作用，如挑檐。一般来说，建筑自身的附加构件功能往往较单一，更倾向于起到兼顾遮阳的作用，对于灵活的光照环境来说仍有局限。因此，专设构件的应用更能灵活应对自然光环境，如户外遮阳棚，形态上收缩灵活，且遮阳效果也很好。

绿化遮阳相比较以上两种人工的遮阳措施，大自然还给我们提供了一些天然的遮阳手段，采用植物来遮挡阳光，形成阴影，降低墙体表面的温度，达到一般的遮阳效果。绿化遮阳不同于建筑构件遮阳之处，在于它的能量流向。人工遮阳构件在吸收太阳能后温度会显著升高，其中一部分热量通过传导、辐射等方式向室内传递；而植被通过光合作用将太阳能转化为生物能，蒸腾作用又使叶片本身的温度维持

在较低的波动范围之内，从而大大减少了能量的二次传播。而且植物在这一过程中，还能吸收周围环境中的能量，进一步降低了局部环境温度，形成能量的良性循环利用。另外，植物还起到降低风速、提高空气质量的作用，综合效能优势显著。图 5-4 为绿化遮阳住宅。绿化遮阳不仅遮挡了夏季的酷热，而且让人领略到建筑与优美的自然环境相融合，易于营造自然式的建筑氛围，同时也能柔和建筑和其附带的景观。图 5-5 反映了外墙面有无绿化遮阳的温度对比。汉诺威生态住宅区充分利用了植物和屋顶植被，住宅周围和道路两侧配置了高大密集的落叶阔叶乔木，阳光透过树叶的缝隙投下缕缕光斑，犹如一曲动人的旋律。

图 5-4　结合住宅进行绿化遮阳

（引自《夏热冬暖地区既有建筑遮阳措施对比分析》）

在选择植物遮阳时要注意以下几个问题：选择合适且易于养护的绿化种类；做好预防爬藤植物带来虫害问题的措施；结合实际，选用与建筑风格一致的爬藤植物攀缘固定构件设计。此外，植物具备生命属性，设计遮阳的同时也应考虑对建筑日照的影响，保证住宅的日照效能和质量。如落叶乔木和藤蔓在冬天会对窗口的阳光进入量造成平均 20% 左右的损失，在设计中这也是一个应该考虑的因素。

在众多植物种类中，最为理想的遮阳植被是落叶乔木，茂盛的枝叶可以阻挡夏季灼热的阳光，而冬季温暖的阳光又会透过稀疏枝条射入室内，这是普通

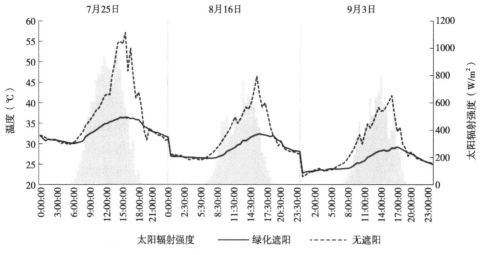

图 5-5 外墙面有无绿化遮阳的温度对比

（引自《夏热冬冷地区建筑活墙研究》）

固定遮阳构件无法具备的优点。选用虫害较少的绿色爬藤植物，定期做好植物的检查与除虫工作，减少虫害对室内居住舒适度的不良影响。爬藤植物所托的棚架可以用竹、木、钢筋混凝土、金属等材料制作。制作棚架的方法与材料不同而异，一般可砌入或埋入建筑有关结构部件内，或在房屋墙、柱、阳台等处设置预埋铁件，以电焊连接。棚架与建筑结构的连接方式对遮阳的效果影响较大。

利用爬藤植物进行墙面绿化的常见方式有：附壁式、牵引附壁式、附架式。附壁式就是运用吸附类和钩刺类植物自身的攀爬特点在墙面上自由攀爬，不需要人为设置墙面支架。附壁式较少地依赖人工设备的辅助，可以将植物的自然特性在建筑中发挥到最大，故最容易运用于建筑墙面。牵引附壁式就是在墙壁上用固定的铁丝网或尼龙细绳牵引攀爬植物生长的设计手法，是针对附壁式缺点进行的技术改良，但从外观来看二者之间没有太大区别。附架式就是通

过搭建金属网架、木架等辅助构件构成攀爬架，使植物攀缘在建筑墙面外的攀爬架上，形成离壁式绿化。绿化面成为遮阳构件，达到对建筑立面的遮阳效果，与建筑墙面组合形成双层皮的立面，从而达到节能的效果。相比于附壁式、牵引附壁式，附架式不拘泥于紧贴墙面的布置模式，布置灵活，功能多样，可运用于高层建筑（徐家兴，2010）。

②按建筑遮阳构件形式分类

按照遮阳构件的形状，针对建筑窗口的遮阳构件分为 5 种：水平式、垂直式、综合式、挡板式以及百叶式，如图 5-6 所示。

水平遮阳时要仔细考虑不同季节、不同时间的阴影变化。在低纬度地区或夏季，由于太阳高度角很大，建筑的阴影很短，水平遮阳就足以达到很好的遮阳效果。这种形式的遮阳能有效地遮挡太阳高度角较大的、从窗口上方投射下来的阳光。在我国则宜布置在南向以及接近南向的窗口上，此时能形成较理想的

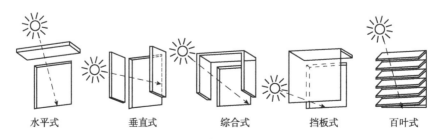

水平式　　垂直式　　综合式　　挡板式　　百叶式

图 5-6 各种遮阳构件

（引自《夏热冬暖地区既有建筑遮阳措施对比分析》）

阴影区。另外，水平式遮阳的另一个优点在于：经过计算，遮阳板设计的宽度及位置能非常有效地遮挡夏季日光而让冬季日光最大限度地进入室内。在欧洲大陆，广大夏热冬冷地区，最简单也最有效的方式就是利用冬季、夏季太阳高度角的差异来确定合适的水平遮阳，在遮挡住夏季灼热阳光的同时又不会阻隔冬季温暖的阳光。如德国柏林的波茨坦广场，采用了水平的陶瓷遮阳板，黄色流线型截面的遮阳板密密覆盖在窗户外侧，与整个墙面融为一体（图5-7）。

图5-7 水平遮阳构件

（引自《寒冷地区高层办公建筑外遮阳性能优化设计研究——以西安地区为例》）

决定垂直遮阳效果的因素也是太阳方位角。垂直遮阳能够有效地遮挡太阳高度角较大，从窗侧面斜射过来的阳光。但其缺点是，对于从窗口正上方投射的阳光，或者接近日出日落时正对窗口照射的阳光，垂直式遮阳都起不到遮阳的作用。因此只适合用于东北、北、西北方向，不宜用于建筑遮阳。柏林的墨西哥大使馆主立面和入口朝东，垂直遮阳能够最有效地发挥作用，18m高的主立面上，最为突出的是从上到下贯穿整个高度的垂直遮阳构件，这些混凝土遮阳板位于玻璃幕墙之外，不仅能够有效遮挡阳光，而且

倾斜角度逐渐加大，不仅给人一种韵律感，也成为建筑不可分割的有机组成部分，体现了垂直遮阳所具有的艺术感染力（图5-8）。

图5-8 垂直遮阳构件

（引自《寒冷地区高层办公建筑外遮阳性能优化设计研究——以西安地区为例》）

综合式遮阳对于各种朝向和高度角的阳光都比较有效，进入室内的自然光线也更为均匀，适用于从东南向到西南向方位范围内的窗户遮阳。在今天，以遮阳搁栅为主要建筑语汇的现代主义作品层出不穷。在这一方面，位于深圳的中式别墅"万科第五园"之中大量应用带有传统符号的花搁栅窗进行遮阳设计，既注重文脉又独树一帜，相信会对建筑遮阳灵活设计影响深远（图5-9）。

挡板式遮阳使用平行于窗口的遮阳设施，能有效地遮挡高度角较小的、正射窗口的阳光。主要适用于阳光强烈地区及东西向附近的窗口。其弱点是挡板式遮阳对视线和通风阻挡都比较严重，所以一般不宜采用固定式的建筑构件，而宜采用可活动或方便拆卸的挡板式遮阳形式。西班牙位于欧洲南部，太阳辐射强烈，日照时间长，因此多数建筑采用挡板式遮阳，当地的建筑设计师根据总体建筑与细部构造的需要

图 5-9　综合遮阳构件

（引自《寒冷地区高层办公建筑外遮阳性能优化设计研究——以西安地区为例》）

创造出丰富的立面形式。

　　以上的 4 种做法中均包含了百叶的做法，严格意义上不需要重新归类，但百叶是一种最为广泛使用的遮阳方式，国内外的许多遮阳设计研究也是集中于这个方面。百叶遮阳的优点众多，如能够根据需要调节角度，只让需要的光线与热量进入室内；可以结合建筑立面创造出丰富的造型与层次感；不遮挡室内的视野，综合满足遮阳和通风的需要等等。法兰克福商业银行采用了先进的自动控制百叶遮阳系统，轻质的铝合金百叶遮挡住夏季的直射阳光，而将柔和的漫反射光线引向室内（图 5-10）。

　　③按遮阳构件相对于窗户位置分类

　　遮阳构件相对于窗口采光位置的不同，通常可分为外遮阳、内遮阳与中间遮阳三种。外遮阳是位于建筑围护结构外部的各种遮阳构件的统称；内遮阳是在建筑外围护结构内侧进行遮阳；中间遮阳是依靠玻璃自身特性或在两层玻璃之间进行遮阳（遮阳构件位于单框多玻窗的两层玻璃之间或者建筑外围护结构

图 5-10　百叶遮阳构件

的两层玻璃幕墙之间），从而实现对太阳辐射的削减。将同样的遮阳构件分别做成外遮阳、内遮阳、中间遮阳，其遮阳效果差别很大。当浅色百叶位于双层玻璃窗外侧时，窗的遮阳系数是 0.14；当浅色百叶位于双层玻璃窗之间时，窗的遮阳系数是 0.33；而当浅色百叶位于双层玻璃窗内侧时，窗的遮阳系数为 0.56（FOSTER et al.，2001）。产生这种差异的原因是遮阳构件吸收太阳辐射后温度升高，会向周围环境散热，由于玻璃的"透短留长"特性，外遮阳升温后大部分热量被气流带走，仅小部分传入室内。内遮阳升温后的热难以向室外散发，大多数热量都留在了室内。因此，外遮阳的遮阳效果优于内遮阳（马淳靖，2005）（图 5-11）。

　　由图 5-11 可知，外遮阳能非常有效地减少建筑的热，其效果与前面所述的遮阳构造、材料、颜色等密切相关，同时外遮阳也具有明显的缺点。由于直接暴露于室外，使用过程中容易积灰，且不易清洗，日久其遮阳效果会变差（遮阳构件的反射系数减小，吸收系数增加）。并且外遮阳构件除了考虑自身荷载之外，还要考虑风、雨、雪等荷载和由此带来的腐蚀与老化作用。建筑方案设计应该与遮阳设计同步进行，提高重视程度，将遮阳构件与建筑构件结合起来考虑。换个角度说，一个成功的建筑也必须包含合理的遮阳设计。常见的外遮阳多为固定及活动百叶挡板类。固定类可根据太阳高度角确定遮阳材质；活动外遮阳多为卷绕装置、滑动百叶、可折叠开启遮阳表皮、

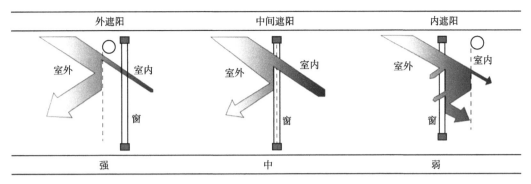

图 5-11　外遮阳、内遮阳与中间遮阳的示意图
（引自《夏热冬暖地区既有建筑遮阳措施对比分析》）

翻转百叶、平移支撑类构件等新型遮阳措施。

　　内遮阳由于遮阳吸收的太阳辐射大部分以长波辐射的形式散发在室内且遮阳的反射辐射部分被玻璃再反射入室内，因此遮阳效果明显不如外遮阳。由于传统观念、操作和维护方便性及生活中的私密性要求等原因，内遮阳还是目前国内最为普遍采用的遮阳措施，此时，正确选择内遮阳的色彩、材料和形式，以尽可能地将太阳光反射出室外，降低室内热负荷。尽管如此，其节能效果还是很差的，在欧洲新建筑之中，通常只作为辅助的遮阳方式。在 21 世纪能源紧张的背景之下，我国将来应该大量普及建筑外遮阳取代原有效率低的内遮阳方式。日常生活中最为常见的内遮阳是窗帘，除遮阳的功能外，还有消除眩光、保护隐私、隔声、吸声降噪、保温、装饰墙面等功能。内遮阳一般是可调遮阳，可以根据实际需要调整到不同的状态，因此在实际生活中被广泛地应用。内遮阳品种繁多，目前多用平面窗帘（即窗帘的大小与窗户一样，不再加绉里及水波的窗帘），包括百褶帘、百叶帘、卷帘、风琴帘等多种款式。与传统布艺窗帘相比，平面窗帘功能更多，更能体现"人性化"。如风琴帘独特的蜂窝状中空构造可让空气停留在蜂孔中，加上铝箔内衬，可达到很好的遮光、隔热、遮挡紫外线性能。超宽、超大、过高的窗还可以使用带遥控装置的电动风琴帘，不但有自动安全停止功能，还具有记忆停止功能，能预先设定窗帘每次停下的高度。水平百叶帘根据叶片的旋转角度和百叶的收放不同有不同的功能，如遮阳、消除眩光、充分利用昼光照明等备受专家的推崇，然而由于水平百叶片易

积灰、调节不太方便，并没有得到广泛的应用。垂直百叶帘其遮阳效果与调旋光性能不如水平百叶帘，但是不易积灰，调节相对方便，目前在办公建筑中被广泛地使用。夏季使用的窗帘一般透光性要强，色彩偏向浅色系，材质可选择质薄的面料和纱质窗帘。如果想达到更好的透气性，或者想要随时看到室外的绿色风景，清雅的竹帘和现代感的百叶窗帘是最佳选择。

　　现在市面上出现了多种针对内遮阳某个功能加以改善的高科技窗帘，它们是：①光控帘，这种窗帘由日本研制而成。它是在窗户玻璃和窗帘之间安装一种感光器——当光线达到一定程度时，便能将光能转换成电能，使窗帘自动提升或降落，从而保证室内始终处于适宜的光亮环境。②隔声帘，由美国研制生产出的一种新式隔声窗帘，它是由一系列长条隔声薄片组成的，从窗帘的一面到另一面，能够形成连续吸声通道，可有效地起到隔声的作用。③节能帘，英国推出的一种翻卷式节能窗帘，它是由高强度的薄型涤纶纤维织物和具有反光性能的铝箔粘合而成的，其节能的主要原理是在铝箔上涂有保护层，使太阳照射通过窗口的传热量减少 90% 以上。同时，也减少了窗玻璃、窗帘之间的冷暖空气的对流。④隐身帘，这种"我能看到你，你却看不到我"的隐身窗帘由日本研制，该窗帘用高透明、高强度的聚碳酸酯片蒸镀上一层很薄的铝膜制成，能把太阳光中的大部分可见光反射掉，使进入室内的可见光减少至 15%，这样既能使室内保持清爽和阴凉，又能看到室外景色。⑤太阳能百叶窗帘，这种窗帘的每一条叶片的向阳面

都有一层薄薄的柔性光电膜,它能将太阳光转变为电能,储存在充电池内。在夜间,叶片朝向室内一边的荧光发出柔和的光线,给房间提供了背景光,在白天,阳光充足时太阳能百叶窗帘可产生 49W 的电,储存的电能除用于照明外还可用来驱动其他电器。⑥百折风琴帘,类似手风琴拉开的形状,呈立体状。从侧面看一个一个风琴格形似蜂巢,从正面看是折折相连的曲面,有点像女士百褶裙的味道,在特殊的轨道上移动自如。用于卧室的可以添加特制衬里,遮光后便于休息;在客厅的可以选择半透明材料,以调节明暗。此种窗帘的蜂巢状构造,是一个阻隔层面,夏天开冷气,冬天开暖气,都能防止室内气流散失。它的帘片有极强的可塑性,可以成圆形、半圆形、八角形,装扮不同形状的窗户。建筑内遮阳安装、使用及维护保养均已普遍应用,用户可选择样式较多,浅色比深色窗帘遮阳效果好。

现阶段的中间遮阳措施主要分 3 类:①中置空调百叶遮阳一体化外窗可利用磁感应传动,由室内手动控制,实现中空玻璃内遮阳百叶的升降及 180° 翻叶角度调节,既能满足遮阳采光需求,又能避免台风等恶劣天气的侵袭,但构造节点偏多;②在遮阳构件及墙体上设置进、出风口,与水平、垂直类挡板组合为遮阳通风一体化措施,可在满足遮阳的同时解决通风问题,但需根据不同朝向设计多款同类型遮阳产品,室内开通风口洞也需避免影响室内空间布置;③将遮阳系统及隔热系统置于两片玻璃内的一体式玻璃新风遮阳构件,同样存在附加多功能后构件厚度变大及连接构件复杂性增加的问题。中间遮阳能减少夏季通过玻璃的得热,将日光漫反射进室内,减少室内照度差别,消除眩光。中间遮阳的遮阳效果介于外遮阳与内遮阳之间。中间遮阳常是浅色水平百叶帘,中间遮阳位于玻璃层之间,有玻璃的保护与遮挡,因此不易积尘、不占地方且具有良好的调节光环境效果。但是要注意双层玻璃或是幕墙之间的通风与散热,以免夏季局部过热导致室内物理环境的恶化,设计中应该实现外部的空间通过内幕墙经中间空间把热气带到上方,使内幕墙和室内温度比较相近;并且制作程序相对较为复杂,目前在国内重大项目之中应用也较少。中间遮阳有的位于单框

双玻璃幕墙之间,与窗扇整合为一体;有的位于独立的双层玻璃幕墙之间,即双层皮之间。新型遮阳措施,通过在玻璃内嵌介电弹性体材料,利用热胀冷缩原理进行遮阳隔热,可根据日照强度在不使用人工或计算机的情况下,自动对玻璃幕墙的透光量进行调节,是真正"智能"的遮阳系统。

5.1.3　热环境

建筑热环境是在多种因素共同作用下形成的,包括空气气温、太阳辐射等多方面。太阳辐射是影响建筑热环境的重要因素之一,太阳的辐射会使墙面温度急剧升高,加热周围空气产生上升的气流,致使尘埃飞扬,影响环境卫生。直接到达建筑表面的太阳辐射一部分被围护体直接反射掉,一部分被转化为热量传递到室内,另一部分则被围护体本身吸收或者是被室内物体吸收进而转化为长波辐射,直接或间接影响建筑室内热环境。这一系列复杂的热交换活动都是建立在建筑接收到的太阳辐射基础上的。我国的太阳辐射资源极其丰富,据统计资料分析,中国陆地面积每年接收的太阳辐射总量为 $3.3 \times 10^3 \sim 8.4 \times 10^3 MJ/m^2$,相当于 2.4×10^3 亿 t 标准煤的储量,这些能量在寒冷的冬季可以直接提升建筑热环境质量,减小取暖负荷,但是在夏季也会直接导致室内温度的提升,增加制冷负荷。因此,如何根据具体需求获得合适数量的太阳辐射对构建舒适建筑热环境有着至关重要的意义。

建筑设计主要是通过适当的单体形态、朝向以及合理的群体间距等获得理想的太阳辐射,再通过有效的遮阳、反射等附加手段调整局部或总体热辐射量。

往常的设计实践中由于具体的功能需求、技术规范等多方面的因素限制,设计者主要通过被动地遵循建筑节能标准,凭借经验以及试错式地调整体形系数、保温材料、增加节能窗口以及遮阳手段调节建筑获得的太阳辐射的水平,而形体设计本身则因缺乏有效的设计方法与技术而显得中规中矩,极大地限制了设计思维与创作可能。适当的建筑形体是构建良好建筑热环境的基础。研究一种基于太阳辐射的建筑形体

生成设计方法，对于改善建筑热环境性能，增加设计气候适应性，开拓设计思路获得更丰富形体设计的可能，是极有潜力也是十分必要的。

建筑设计过程中，考虑太阳辐射的设计策略主要分为三个尺度：首先建筑组团尺度，关注如何安排建筑组群关系以及建筑与街道、水系绿化等其他实体物质环境从而合理利用太阳能；其次是建筑单体尺度，考虑如何安排使用区域来接收阳光；最后是建筑构件尺度，关注如何让适量的热辐射进入房间深处。

5.1.3.1 场地策略

地理地势以及场地位置选择应用上的策略在任何情况下都不应该被忽略，因为任何一个建筑单体都是空间实体组团中的一部分，其位置与形态也会和周边建筑街道产生一系列的关联，从而决定进入场地的太阳辐射资源的分布以及在设计初始奠定一个基本的热辐射水平。

（1）地理地势的应用

如图 5-12 所示，太阳辐射随着地理地势的改变而有所不同，其中最重要的就是坡度和朝向。一般来说南向斜坡（北半球）吸收最多的太阳辐射，东向斜坡在早上获得最多的热辐射，西向斜坡则在下午获得最多的热辐射。不过坡度对于东西朝向上的太阳辐射总量影响不算剧烈，坡度对场地热辐射量的影响随着纬度的增加而增加。例如土耳其的马丁地区，夏天气候干热冬天寒冷，利用城市一个高地上 25° 左右的斜坡来组织建筑街道，遮挡了东西朝向上的太阳辐射又不影响冬季阳光到达南立面，从而获得了一个比平地上相同群组空间节省 50% 热量消耗的城市空间（布朗等，2008）。

（2）周边建筑与其他实体环境的应用

除了利用地貌环境，建筑还可以通过选择合适的场地位置以及调整与周边建筑、道路、水系等其

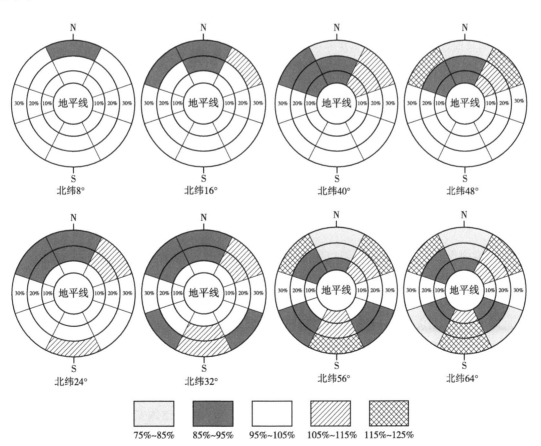

图 5-12 不同纬度地区坡度和朝向对年辐射量的综合影响

他实体环境的距离获得合适的太阳辐射量（李彤，2016）。例如，针对防热问题，哈桑法塞设计的埃及 New Beriz 使用了南北向组织的街道结构从而大大减少早上和下午东西面的太阳辐射；突尼斯市利用周边建筑为开放空间提供热辐射遮挡（布朗 等，2008）。当建筑立面获得遮阳时，其表面温度降低从而减少降温能耗；当外部开放空间受到遮挡，除了能降低室外平均辐射温度创造舒适热环境外，还能降低建筑的热辐射（李彤，2016）。对于一定的建筑高度，较窄的街道日夜温度波动更小。为满足采暖需求则需要拉开南北向的建筑间距，从而确保冬天太阳高度角低时应有的太阳辐射不会被遮挡（李彤，2016）。

5.1.3.2　单体形体策略

相关研究表明北半球高纬度地区，太阳的方位更多是南向主导，而太阳辐射水平越高的地区，合适朝向应与南北方向有较大夹角，是为了减少过高太阳辐射带来的室内温度波动较大以及热舒适性下降等问题。在夏热冬冷地区，由于夏季的日出和日落比冬季更偏向东西向，南北向且面宽大进深小的方案在冬季能获得较大热辐射量，夏季热辐射量小且全年各月获得热辐射水平方差小，综合达到冬暖夏凉的效果，是较为理想的朝向。不同气候条件下的合适朝向与面宽进深尺寸可以参考图 5-13。但由于除了热辐射之外还要考虑诸如场地下垫面状况、季节主导风向等多方面因素，朝向选择最好具体问题具体分析。

5.1.4　地质环境

建筑室外环境中最易忘却的自然环境当属地质环境。建筑地基的处理以及自然板块运动看似最不易发生日常性的变化，但其往往能带来不可控的巨大损失和后果，尤其是自然地质灾害——地震。在建筑物抗震技术方面，国内外都在精进研究，目前，日本由于位于地震多发地带，抗震技术研究方面较为先进，对木竹结构建筑应用较多。在抗震方面木竹结构建筑在多种建筑类型中表现了优异性。由于地震现场难以及时到达，对木竹结构抗震性能的优劣可以依据以往的震害现象加以比较和判断，从总体上而言，木竹结构建筑的抗震性能较好，地震时较为安全。

（1）木竹结构建筑震害

传统木结构建筑是由木构架承重，围墙只起到围护隔断作用。除台基分层的石、砖垫块或夯土砌筑外，所有构件全由木料制作，柱架平摆浮搁于础石之上，由铺作层连接上部梁架，梁架上铺设屋顶，所有木构件之间均由榫卯连接。都江堰景区"泰堰楼"受到地震破坏，主要古建筑遭到严重损坏，但是建筑的木制部分完好度较高。这种独有的结构体系使其具有良好的抗震性能，这在汶川地震中又一次得到了检验。根据数据分析，汶川地震中，都江堰青城山千山的中国青城项目中有一部分别墅采用了轻型木结构，在灾后的实地调查中发现，建筑面积约 200m² 的轻型木结构房屋底层裂缝最多出现了 6 处，二层的裂缝最多出现了 2 处，并且这些裂缝多为门窗洞口等局部的细小裂缝以及厨房卫生间转角和镜子周围的裂缝。

1991 年，在哥斯达黎加发生了 7 级以上地震，大批砖瓦和钢筋混凝土建筑倒塌，但 20 多座竹子搭建的建筑安然无恙。传统木竹结构建筑结构规则，整体性好。其中，木构架与墙体分工明确，木构架承重，墙体不承重，只起围护作用，并且由于木材通风防腐的要求，木构架与围护墙休之间留有缝隙，在地震中材料性质和受力性能响应各方面较其他类型建筑更易维持整体性。

（2）木竹结构建筑的抗震机理

轻型木竹结构有三大特点：首先，结构自重轻，木材的重量仅为混凝土重量的 1/5 到 1/4，相同体量的建筑物，结构自重越小受到的地震作用越小，所以轻质的木竹结构受到的地震作用比较小；其次，轻型木竹结构采用规格材做墙体骨柱，定向刨花板或胶合板等结构性能稳定的板材作覆面板，形成具有良好抗侧能力的木剪力墙，这也是结构主要的抗侧力构件；最后，小断面密布的轻型木竹结构是柔性结构，有一定范围内的变形能力，结构可以通过自身的变形来消耗能量，提高整体安全性。当发生地震时，在三大特点的共同作用下，轻型木竹结构体现出良好的"以柔克刚"的抗震性能。

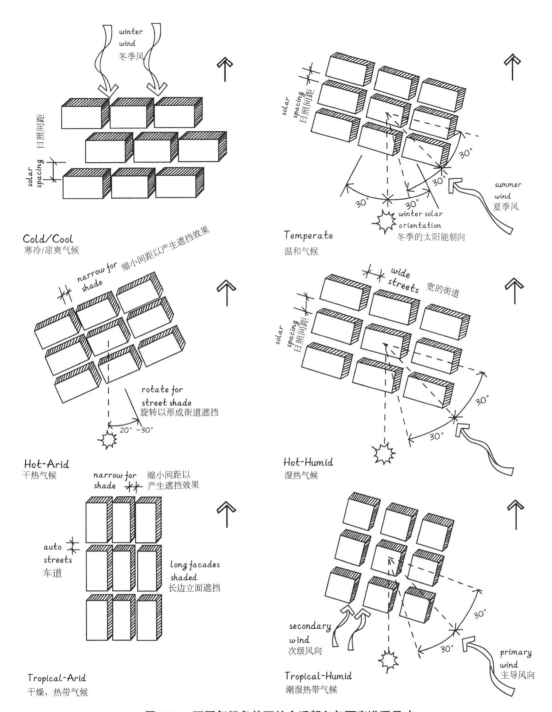

图5-13 不同气候条件下的合适朝向与面宽进深尺寸

（引自《太阳辐射·风·自然光：建筑设计策略》）

（3）推广使用木竹结构建筑

木竹结构的优势在于它的韧性大，自身结构轻，又有很强的弹性回复性，对于瞬间冲击荷载和周期性疲劳破坏有很强的抵抗能力，所以在大地震中吸收的地震力小，结构在基础发生位移时可由自身的弹性复位而不至于发生倒塌。在日本神户和美国洛杉矶的大地震中，木结构别墅仅是稍微变形而绝不倒塌。即使在强大的地震力下，木结构别墅被整体推前了数米，地震力使其抛离了基础，仍完好无散架。由此证明了木结构别墅在各种极端的负荷条件下，其结构的抗地震稳定性能和结构的完整性。日本政府在神户大地震后明令所有的民用住宅必须采用北美的木结构别墅，同时在日本国实施了 JAS 的建筑标准。因为在所有结构中木结构建筑具最佳抗震性。用现代的建筑材料对木结构的别墅进行内外装修，对别墅的木结构实行完善的保护（例如，用呼吸纸包裹木结构的外表面，使结构中的湿气能顺利排出，又避免外界的雨水侵入内部结构，对外露的木结构进行必要的防腐处理等），已使木结构别墅的保用寿命达到 70 年以上。在使用和维护得当的前提下，木结构中的木材是稳定、寿命长、耐久性强的主结构材料。像大家熟知的北京故宫等皇家木结构建筑，亦经历数百年仍屹立不倒。

同时，木竹结构建筑也是一种真正的可持续节能的绿色建筑，具有保温性好，节能效果显著等特点。据加拿大木业协会与哈尔滨工业大学建筑节能技术研究所对一栋轻型木结构住宅进行为期 12 周的建筑节能及空调供热系统跟踪检测显示，轻型木结构住宅实测采暖耗热量比砖混复合保温结构住宅耗热量节省 41.99%，采暖季耗煤量节省 45.4%。因此，在农村人口不太密集的地区可以推广使用经过改进的抗震性能更优越的木结构建筑。

基于木竹结构建筑优越的抗震性能，在汶川地震后，加拿大联邦政府和加拿大卑诗省向中国四川省地震灾区捐赠价值 800 万加元的临时和永久性木结构房屋。此援建项目包括学校以及老人院等公共场所。所有房屋都使用加拿大的结构木材和现代木结构建筑技术，并在中国完成设计和建造。作为全国第一所木结构建筑小学——都江堰市向峨小学已于 2009 年 9 月 1 日投入使用。

另外，2015 年 4 月 25 日尼泊尔 8.1 级强震已经导致 2000 余人遇难，14 座古建筑坍塌。中国地震局地球物理研究所研究员温增平在做客人民网科技频道时表示，尼泊尔建筑大多结构老旧，抗震能力低，其中抗震性能最好的要数"木结构"建筑。

（4）推广使用隔震或减震技术

木竹结构古建筑之所以具有良好的抗震性能，是因为木竹结构古建筑具有多层隔震、处处减震等消能减震机理，借鉴这种消能减震机理，将其应用于其他结构，将会大大提高其他结构的抗震性能。抗

震问题的研究主要针对两个对象：建筑物和地震动。相关研究表明，影响木竹结构抗震性能的内部因素主要有：材料特性，包括木竹材的材质和围护墙体的受力性能；建筑物的结构规则性，包括几何形状、受力点、强度和刚度的规则性；动力特性，也是主要的影响因素，即振型、自振频率或自振周期、阻尼比，这些特征参数主要取决于材料本身和连接节点的特性，大部分木竹结构建筑的自振周期在 0.1~0.85s，因此不适宜建造在软弱地基土地上，防止发生共振；约束，包括榫卯连接、柱脚连接、斗拱等；黏滞阻尼，是通过构件之间的滑移摩擦来实现的。因此，可以从这些方面去考虑和加固，以增强其抗震能力。

对于自重大、刚度大、周期短的结构，如砌体结构、RC 剪力墙结构等，隔震技术是非常适合的，已有不少工程例证。隔震与结构抗震的最大区别在于它能很大程度地隔绝或大幅度消减地震动，从而减小地震作用。一些研究报告表明，和抗震结构相比，其抗震指数能提高 6~8 倍，已建隔震建筑的实际地震反应表现良好，比抗震结构的地震反应要轻得多，甚至感觉不到。另外据统计资料表明，隔震建筑与相同设防烈度条件下的非隔震建筑相比，其每平方米造价增幅在 50~60 元。这个增幅不大，特别对每平方米上千元、数千元甚至近万元的住宅建筑，是一个很小的比例。从抗震安全角度来说，这个小的投入非常值得付出，而且也是有市场的。

汶川地震引发了人们对各种建筑抗震性能的关注。网上调查发现，98.28% 的被调查者认为，买房会考虑楼盘的抗震性能，而且采用隔震的建筑也会成为房地产楼盘销售的卖点和热点。这对推动我国隔震技术的应用发展，提高建筑结构抗震安全储备是非常有利的。在抗震规范修订中应作为主推的应用技术，或将建筑隔震或减震设计成册。

5.2 室外人造环境

5.2.1 景观环境

5.2.1.1 绿化

随着人们对城市绿化认识的提高，城市绿化也

被视作城市环境的重要组成部分。在现代建筑设计中，绿色植物系统作为功能复杂、结构庞大的生态系统之一，一直同建筑有着广泛的联系，绿化作为一种建筑空间和形态的创作要素，通过现代技术、材料手段创造了丰富的空间环境。有着独特效应的建筑绿化包括两层的含义，一方面指建筑和环境共同构成的空间整体：例如庭院绿化、道路绿化、广场绿化，包括建筑屋顶和外围乃至整个城市的绿化，起到改善和美化建筑、城市环境的作用；另一方面指建筑本身的绿化，即用花草树木等绿色植物在建筑的内部及外围护结构上进行绿化配置，以求绿化和建筑共同构成和谐的整体效果（申志强，2007）。建筑屋顶和外围护表皮覆盖绿色植被的立体绿化方式包括屋顶绿化和垂直绿化两类，建筑实施屋顶绿化比垂直绿化容易且普及的多（侯亚楠 等，2013）。

近年来，建筑绿化作为城市增绿的重要举措在城市园林绿化业中逐渐得以重视。然而对于建筑行业，目前建筑绿化设计只作为景观辅助设计，屋顶绿化对建筑本体的功用和影响还有待深入认识理解。2006 年我国《绿色建筑评价标准》正式颁布，绿色建筑作为一项产业正在兴起，对满足建筑节能、节地、节水、节材和室内 / 外环境质量优化的建筑绿色技术有良好的促进推动作用（侯亚楠 等，2013）。

（1）建筑绿化定义和分类

建筑绿化是指利用城市地面以上的各种不同立地条件，选择各类适宜植物，使绿色植物覆盖地面以上的各类建筑物、构筑物及其他空间结构的表面，利用植物向空间发展的绿化方式（侯亚楠 等，2013）。植物的叶绿素在光合作用下可以维持大气中二氧化碳与氧气的平衡、吸收大气中的某些有毒物质，减轻城市大气污染、改善城市小气候、减弱城市噪音，对建筑与自然环境的协调发展起着重要作用，是提高建筑环境质量的有效手段（申志强，2007）。

建筑绿化是一个系统。它包括屋面和立面的基底、防水系统、蓄排水系统以及植被覆盖系统等，适用于工业与民用建筑屋面及中庭、裙房敞层的绿化；与水平面垂直或接近垂直的各种建筑物外表面上的墙体绿化；窗阳台、桥体、围栏棚架等多种空间的绿化。屋顶绿化是

建筑绿化的主要形式，按照覆土深度和绿化水平，又分为轻型（extensive）绿化和密集型（intensive）绿化。两类绿化方式的特点比较见表 5-1（侯亚楠 等，2013）。

表 5-1　轻型绿化与密集型绿化比较

指标	轻型绿化	密集型绿化（空中花园）
一般性	覆土层浅（50~150 mm） 少量或无灌溉 低维护保养 6~18 元 /（m²·年）	覆土层深（200~500 mm） 有灌溉系统 维护保养费 30~50 元 /（m²·年）
优势	承重荷载小 (60~150 kg/m²)，低维护量，植被可自然生长，适用于新建和既有改造项目；也适用于较大屋面区域和 0~30° 屋顶坡度。初期投资低（200~600 元 / m²）	多样化种植方式，较好的植物多样性和适应性；绝热性好；良好的景观观赏性
缺点	植物种类受限；不可游玩进入；观赏性一般，旱季影响更大	初期投资高 (800~1200 元 /m²)，一般不适于建筑改造项目，承重负荷大 (200~300kg/m²)；需要灌溉和排水系统

（2）建筑绿化的"绿色"性能

①节能性：垂直绿化是指利用各种缠绕性、吸附性、攀缘性、钩刺性等茎干难以自行直立、具有攀缘特性的木本植物覆盖在棚架、建筑物表面及其他设施上，起到美化环境的一种绿化形式，这种绿化形式利用植物代替砖、石或钢筋水泥来砌墙，不仅占地面积小、省料省钱，而且在绿化、美化市容市貌，改善环境、减噪防尘、净化空气、调节温度等方面效果格外显著，不仅如此，在城市中，空地周围的光秃墙面对小气候的影响极大，垂直绿化能起到很好的缓冲作用（申志强，2007）。

近年来，国外在屋顶绿化与建筑热环境的关系方面进行了大量细致的定量研究工作，主要包括德国、希腊、意大利、英国、新加坡、美国和加拿大等国，主要注重进行屋顶绿化与不同建筑隔热材料的能耗降低比较、屋顶绿化种植层和湿度差异、热捕获和热损失影响等方面的研究（侯亚楠 等，2013）。Wong 等在新加坡的研究表明：无植被覆盖的屋顶在白天吸收热量，到夜间成为持续热源，有植物覆盖的

建筑在白天吸收较少热量，在夜间仍然可以持续降低周围温度（2003）；Liu 和 Minor 在加拿大多伦多通过测定发现：与无植被覆盖屋顶相比，屋顶绿化在夏季的热量获得降低了 70%~90%，冬季热量损失减低了 10%~30%（2005）。

屋顶绿化比无隔热材料的建筑相比能耗节约 45%，与配备中等隔热的建筑相比能耗节约 13%，与配备优质隔热的建筑相比能耗节约 2%。Feng 等人利用数学模型估算，屋顶绿化的热量 58% 被蒸腾作用带走，30.9% 通过长波辐射热交换，仅有 1.2% 传递到房间内（2010）。屋顶绿化夏季作为建筑的降温系统，冬季作为建筑的保温系统，其能耗降低与气候密切相关，因此该领域的研究具有较强的地域适用性和限制性，对夏热冬冷地区的作用尤为明显。

Sailor 等估算使用屋顶绿化美国每年能降低建筑 2% 的电能和 9%~11% 的天然气（2008），2008 年 US-EPA（美国环保署）估算 2000 m² 的屋顶绿化每年可节约当量天然气 9.5~38.6 GJ。综合国外屋顶绿化的定量试验，预计夏热冬冷地区应用高、中、低隔热材料屋顶绿化技术的建筑全年可节约能耗分别为 45%、13%、2%。2006 年建设部颁布的《绿色建筑评价标准》在关于节能与能源利用的优选项中提出建筑能耗不应高于国家建筑节能标准规定值的 80%，屋顶绿化方式对低层建筑节能效果尤为明显，但目前还需要有效计算方法和评价方法定量化屋顶绿化节能。

利用植物构建的屋顶绿化和墙面绿化，通过植物的蒸腾作用和改变建筑表面反射率来降低城市热量聚集，从而缓解城市热岛效应。Acks 估算城市 50% 的建筑实施屋顶绿化后，可使城市气温降低 0.1~1.5 K（2006）。

围护绿化影响建筑热工性能的原理为：夏季，植物茎叶的遮阳作用、蒸腾作用可以吸收太阳的辐射热，能有效降低建筑外围护结构的综合温度，减少围护结构两侧的温差传热量，降低围护结构的传热系数，从而起到隔热效果；冬季，植物叶面覆于围护结构上，减少了围护结构表面与外部空气的直接接触面积，增加了围护结构散热热阻，从而达到保温效果（丛大鸣，2009）。

张宇等采用缩尺模型方法模拟木竹结构建筑，对比有无围护绿化的建筑围护结构热工参数，并对木竹结构建筑围护绿化后的节能效果进行评估。研究发现实体建筑经过围护绿化后，其围护结构的传热系数减少 12.5% 左右，建筑能耗降低约 12.5%，夏季时植物隔热作用更为明显，建筑节能效果也更佳（2013）。由此可见，建筑绿化不仅能美化建筑，还能促进建筑节能，提升建筑室内居住体验。建筑绿化的保温隔热作用在夏季尤为明显。

②节地减碳：建筑绿化实际是一种绿地补偿措施，即在屋顶或垂直立面种植植被补偿建筑占地损失的绿化面积，从而节约土地资源。《绿色建筑评价标准》规定，住宅区绿地率不得低于 30%，人均公共绿地面积不得低于 1m²，屋顶绿化可直接扩大绿地率收益，同时具有一定的景观效果。

屋顶绿化主要通过 2 个途径降低 CO_2 浓度：一是植物"固碳"，即植物通过光合作用固定碳成为植物组织或进入土壤层；二是通过降低建筑能耗或缓解热岛效应间接降低碳排放。Getter 的研究表明，应用了 4 种景天科植物的密集型屋顶绿化净碳固定量为 378g/m²（2009）。2008 年美国环保署估算 2000m² 屋顶绿化每年能够减少 CO_2 0.24~0.97 kg/m²（侯亚楠等，2013）。

③改善雨水环境：由于下垫面的硬质化，城市地表径流增加，排水负荷增加。随着全球气候异常，近年来城市在集中降雨时易出现雨洪问题，而无雨时缺水的现象频发，表明城市化加剧了人类对水生态的干扰。为促进城市水生态的自然化修复，英国 SUDS 和美国 BMPs 技术导则都将屋顶绿化作为重要的城市降雨径流生态化管理技术之一（侯亚楠等，2013）。

屋顶绿化从 3 个方面调节城市降雨径流：延迟降雨的最初产流时间；减少排入城市雨水管道的径流量；使屋顶的雨水产流分布特征更接近自然状态，降低径流峰值。众多研究表明屋顶绿化调节城市降雨径流的作用，主要受土壤种植层厚度、土壤含水量和降雨特性、覆盖植物、屋顶坡度等因素影响。此外，绿化屋顶还能过滤雨水，可以改善雨水水质，有利于雨水利用。《绿色建筑评价标准》对非传统水源利用和屋面雨水径流等进行了说明，屋顶绿化措施有利于满足相关规定（侯亚楠 等，2013）。

④改善环境质量：城市绿化不仅美化环境，还能减少噪声污染、净化空气。城市地区过度的噪声会导致人体健康问题：诸如听力损伤、婴幼儿智力发育缓慢等。强大的噪音还会使砖瓦破碎甚至房屋开裂。绿化是降噪的一种生物处理手段，主要借助植物反射、吸收或阻断的方式削弱噪声源。在 300~1000 Hz 的频率范围内，屋顶绿化能够降噪 10dB 以上，种植层厚度为 15~20cm 能够有效降低噪声（RENTERGHEM et al.，2011）。Yang 等发现，19.8 hm^2 的屋顶绿化每年可去除 1675 kg 的空气污染物，降低 O_3 52%、NO_2 27%、PM_{10} 4%、SO_2 7%，其中 5 月去除率最高，2 月去除率最低（2008）。

5.2.1.2　景观

（1）在园林生态景观内木竹结构建筑的选材措施

①木质屋架：对于木质屋架来讲屋面木竹结构是最为主要的承重结构，对建筑物整体的应用时间及安全性都产生影响。所以，在进行选材时，应尽量选取不容易开裂、不容易出现腐蚀、形变等情况的木材，同时要求其具备相应的强度，自重较轻并且纹路顺直。一般应用于修建木质屋架的材料有杉木、红杉等。

②椽条、檩条：椽条、檩条在屋面项目中属于受弯构件，具有承载上部屋面的静荷载、施工荷载等作用。所以，在制作椽条、檩条时选用的木材应保证其不容易开裂、耐腐蚀、不容易形变，同时保证纹理平整，具备较强的抗弯性能。通常可以选用白松、杉木、樟子松等进行施工。

③搁栅与龙骨：搁栅与龙骨是建筑项目施工期间最为主要的承载构件，通过轻质的骨架来承载吊顶的重量。所以需要应用一些形变较低、自重较轻的木材进行加工。通常可以选用杉木、白松等。

④木质门窗：在园林生态景观中的木竹结构建筑通常应用木材制作门窗。然而因为门窗长时间受到日晒、风吹、雨淋等作用，很容易出现开裂情况或者发生形变。所以，需要应用容易加工并且形变小的木材进行施工，例如杉木等。而对于部分较为高级的建

筑，其对门窗的要求也较高，不但应保证木材自身的形变小，同时还应确保木材的纹路美观，可以应用水曲柳等进行施工。

⑤木质地板：在进行木质地板施工时，应保证其具备较强的耐磨性能，同时保证其纹路精美，不容易出现开裂、形变等问题，通常可以选用柞木、水曲柳等进行施工。

（2）园林生态景观中木结构建筑的设计措施

在我国古代追求"天人合一"的境界，其反应在生态园林景观中的建筑上，指的是建筑应用木材进行施工时，在满足建筑物抗腐蚀性能的基础要求以及对建筑物单体的结构需求的前提下，尽量应用各类营造方法规划、设计出最佳抗腐蚀的构筑物。同时让建筑项目的抗腐蚀性能同应用功能、外部结构等完美地进行融合。一般在生态园林景观中，建筑物的木质结构系统通常采用传统方式，即穿斗式、抬梁式、井干式等。

（3）园林生态景观中木竹结构建筑的防腐措施

对于木质结构的建筑物来讲，造成其出现腐烂问题的原因由木腐菌引发，此类细菌的生长条件包含以下几点：其一，湿度要求。一般来讲，当木材的内部含水率高于 20% 就容易生长木腐菌。其最佳的生长湿度为 40%。其二，空气要求。如果木材内含氧量超过 15%，则就能够生长木腐菌。其三，温度要求。对木腐菌进行研究发现，其生长的温度大致在 2~35℃之间，如果温度处于这一期间绝大多数的木腐菌都可以生长。因此在一年中的大部分时间内，木腐菌都处在适宜生长的状态。其四，养料要求。在木材中，包含的主要成分为纤维素，约占整体的 50%，同时木素也占整体的 30%，剩余部分为少量的灰分、空气及水，其都为木腐菌的生长提供了良好的养料与条件。上述条件中，仅需消除一方面，木腐菌就无法继续生存、繁殖，因为在构筑物内，温度、空气都是无法操控的，所以，想要预防木竹结构出现腐蚀，最本质的方法需要由结构入手，将木材置于通风、干燥的环境，并且尽量做好防腐措施。

（4）总结

总而言之，对于园林生态景观来讲，木竹结构建筑不仅施工简单、造价较低、低碳环保，同时也能够为园林景观增添一份亲和力与意境，所以，相关工作人员应深入对景观内的木竹结构建筑设计相关内容进行探究。

5.2.2　功能环境

建筑的功能环境大致可认为是为完善建筑功能而设的各种附属设施，如给排水设施、电路设施、教育文化设施、社会卫生保健设施、健身设施等不同性质和特征的区域基础设施。其不单独构成建筑物但与建筑息息相关，互相作用共同构成完整的建筑。城市基础设施是保障城市生产和生活顺利进行的各种基础性物质设施以及相关产品和服务的总称，它是城市达到经济效益、环境效益和社会效益的必要条件之一。

（1）城市基础设施的构成

①基础设施两大分类法：通常在理论界按照其服务的性质将基础设施分为两大类，即经济性的基础设施和社会性的基础设施。经济性的基础设施主要包括电力、电信、自来水、卫生设施与排污、固体废物的收集与处理、管道、煤气、公路、大坝、灌溉给排水用的渠道、工程铁路、城市交通、港口、水路以及机场等。社会性基础设施包括科学研究、教育、文化、卫生保健和社会福利等。这种分类的优点是可以将基础设施的效能和价值的创造相联系，但这种划分比较粗略，在实际经济生活中对生产性和非生产性的活动划分难度很大（张玲，2006）。

②基础设施三大分类法：发展经济学家 Allen 将基础设施分为三类。第一类是资金密集式的基础设施，主要包括灌溉和公共水利设施，如水坝、水渠、江河分流、排水系统；市场运输设施，如公路、铁路、桥梁、船舶、飞机、港口、船坞；储藏设施，如储藏塔；货栈加工设施，如机械设备、厂房建筑公用事业、电力、饮水、煤气。第二类是非资金密集型基础设施，其主要包括教育机构、统计机构；科学研究和试验设施，如试验室和试验站等，以及信贷和金融机构，

卫生保健设施。第三类是社会事业基础设施，主要包括法律、政治以及社会文化性质的正式和非正式的机构。

③基础设施七大分类法：按基础设施的主要功能和服务可以将基础设施分为七大类。第一类交通，包括地面交通、航空、水道和港口联合运输设施、公共交通。第二类水和污水处理设施，包括水供应设施，如水处理厂、主要供水线、井、机械和电力设备；供水的构筑物，如大坝、临时性的支路、构筑物、水道河沟、城市基础设施和区域经济发展渠；污水处理设施，主要有污水管线、化粪他、污水处理厂。第三类垃圾处理设施，包括垃圾掩埋、处理厂、循环利用设施。第四类电力的生产和配送设施，主要包括电力生产和电力传送设施，如水电站，煤、石油、天然气发电站，高压电传输线、变电站、电力分配系统和控制中心、服务和保护设施；煤气供应及管道设施，如煤气生产、管道、控制中心、储存柜、维护设施等石油运输设施和核电站等。第五类公共建筑设施，包括学校、医院、政府办公楼、警察局、消防站、邮局、监狱、法庭、剧场、会议中心、展览中心、体育馆、电影院等建筑物。第六类休闲设施，主要是指公园和广场。第七类通信设施，包括电话网、电视网、无线和卫星网络、信息高速公路网络（张玲，2006）。

（2）城市基础设施的特征

基础设施的不同分类涵盖范围是不完全相同的，这是由于对基础设施这一概念的理解差异所致。但其主要内容还是基本一致的，都包括自然资源、能源动力、交通运输、邮电通讯以及信息处理系统等。事实上，基础设施的事务系统的实物形态就很庞杂且很具体，根据不同的标准将基础设施内部各子系统划分为不同的类型。

城市基础设施和其他事物一样，有其自身发展运行的规律，这种规律反映出区域基础设施所固有的性质和特点。它主要表现在服务职能的生产性和社会性、开发建设效益的直接性和间接性、经营管理的商品性和导向性、装备组合的多元性和层次性，以及建设运转的超前性和同步性，等等。我们只有充分认识它的特性，掌握它的运营与发展规律，才有可能对它进行

科学的规划、开发建设和管理，从而保证其持续协调的发展（张玲，2006）。

（3）城市基础设施的需求

决定城市基础设施需求的主要因素如下：

①城市人口规模

区域人口规模是决定区域基础设施需求水平的基本因素。人口数量决定了基础设施内部各组成部分的需求水平。人口增加从三个方面对区域基础设施产生影响：一是区域基础设施提供的直接服务的需求增加，如自来水需求量的增加，医疗服务设施和能力的增加等；二是人口增长会带来经济活动规模的扩张，从而要求城市基础设施直接、间接提供的服务需求增长，如能源需求的增加，通讯邮政服务需求的增长等；三是人口的增长使得城市区域向外扩张，这种扩张也必然导致城市新区配套基础设施需求的增长（张玲，2006）。

②城市性质

区域性质决定着区域基础设施的需求水平和区域基础设施内部的组成比例。一个以商业、旅游为主的区域，必然需求更多的直接为人服务的社会性基础设施，而一个工业区域则必须对能源供应、交通运输设施有更高的需求。建筑性质与区域性质在理论上应存在一定的包含关系，某种层面上，建筑具有服务于区域的性质（张玲，2006）。

③城市功能设施

从区域设施的三类组成上看，社会性设施和基础性设施处于从属地位，是为功能性设施提供服务的。因此区域基础设施的需求必然取决于在各个区域功能设施的水平和结构。功能设施的发展和现代化，要求提供更高质量的现代化区域基础设施，特别是高效率的信息、通讯服务、交通运输服务、高质量的生活环境和齐全的公用服务（张玲，2006）。

④城市基础设施存量

现有的区域基础设施存量的负荷能力，决定着新增设施的数量和结构。因为区域基础设施具有整体性和超前性的特点，它的发展是一种阶段性的跳跃发展，呈台阶状而不会呈平滑的发展曲线。存量设施对新增需求的影响是很明显的。科技进步水平既影响这个区域基础设施的需求、也影响基础设施自身。同时，科技进步也使得基础设施自身发生变化和飞跃（张玲，2006）。

⑤城市人均收入水平

人均收入水平对区域基础设施的影响主要体现在对社会性基础设施的需求上。人均收入水平的提高会使人们的需求层次上升，需要更高雅、舒适的生活，对文化教育和生态设施的需求上升同时，收入水平的提高使得人们更为关注自己的健康，从而对医疗保健设施的需求上升。区域基础设施的需求可以表示为：

$$D=f(P, U, GNP, S, T, I)$$

其中，D 为区域基础设施水平，P 代表人口规模，U 代表城市性质，GNP 代表区域功能设施，S 代表城市基础设施存量，T 代表科技水平，I 代表人均收入（张玲，2006）。

6

木竹结构建筑居适环境综合评价

一个好的木竹结构建筑产品，在投入市场使用之前，必须要对其整体的质量和性能进行综合审定和评价。因此，必须建立一套完整的环境监测以及评价系统，来科学规范地评价木竹结构建筑环境问题。

6.1 环境影响

如今人居环境的舒适性、健康性、宜居性引起人们的普遍关注，重视改善和优化人类居住的环境，促进节能降耗、环境保护、可持续发展，对于促进绿色、生态建筑发展具有重要作用（胡芳芳 等，2011）。在木竹结构建筑的建造过程中，可对材料和环境性能采用综合评价的方法。在评价过程中结合生态和人文环境的评价，分析整个木竹结构建筑物各个环节中比较重要的性能对全社会能耗和环境的影响，解析木竹结构建筑涉及人的心理生理、环境和社会生活方面的问题，以使建筑设计师、施工者、居住者能够清楚地了解木竹结构项目各环节的能耗和对环境性能的影响。

从国内外可持续发展的状态分析，木竹结构建筑符合可持续、绿色、生态、节能的建筑要求，是能够顺应环境的人居形态。现今要结合国情来分析我国发展木竹结构房屋的优势及现状（费本华 等，2002；周海滨 等，2005）。因此，相关高校和科研院所在国家林业和草原局、住房和城乡部等政府部门的支持下、在企业协会的合作下加强了对木竹结构的研究，以期拓宽木竹结构建筑更广阔的发展空间（陈恩灵 等，2008）。

木竹结构建筑的建筑技术、性能和空间的艺术形象等固然重要，但其最终目的是为人类提供活动场所。所以，木竹结构建筑营造的木质环境只有通过人类活动才有意义，其设计建造一定要考虑人与环境之间的心理互动关系。Gutman 出版的 *People and Building* 一书，主要从建筑设计与人的行为、建筑环境与社会心理学、环境对人健康和幸福的影响、设计中行为科学的应用四个方面来阐述，通过实际分析和方法介绍，强调了行为科学、心理学、生理学的重要性（2009）。清华大学朱颖心教授在《建筑环境学》一书中强调建筑的室内外环境研究应从人的心理和生理角度出发，阐述分析人居健康舒适性与建筑环境的关系（2010）。

木竹结构建筑所营造的居住环境对人类的影响与其原材料——木材、竹材密不可分。木材是天然的生态环保材料，木材构成的木质环境以其物理或化学特性作用于人，从而引起人们心理和生理的反应，主要包括其室内居住环境的空气质量品质、温湿度以及环境声、光、色等的调节作用（牧福美 等，1981；陈载永 等，1996；Wang S Y et al.，1988；李坚 等，2002）。因此，随着木材科学研究的不断深入和发展，相关研究人员陆续开展了关于木质环境对人类生活、居住环境健康性、舒适性影响的研究（山田正，1987；赵广杰，1992；刘一星 等，2003；Chen X Y et al.，2011）。利用受益分析法和网络分析法，对人的满足度、影响度、认识度对环境的影响进行问卷调查。结果表明，木结构住宅比混凝土住宅具有更为良好的居住性（中尾哲也 等，1996）。

在心理影响方面，有学者对木质教室的环境影响研究表明，学生们在木质教室会比混凝土建造教室感觉舒适，在混凝土建造教室的学生有发生慢性精神压力的危险（李坚等，1991）。中尾哲也利用受益分析法和网络分析法，从人的满足度、影响度、认识度对环境影响因子进行问卷调查，结果表明，木结构住宅比混凝土住宅具有良好的居住性（中尾哲也等，1996）。还有学者对木质环境学方面的物理刺激和心理感知特征进行研究（NAKAMURA et al.，1996；RICE et al.，2006；JONSSON et al.，2008），并从主观、客观和心理生理学角度出发，在此基础上分析木质环境的物理量因子与人的心理和生理之间的关系，建立关系模式并提出科学评价系统（刘一星 等，2003；于海鹏 等，2003）。

在生理影响方面，运用主观评价和生理指标检测的方法，探讨了木质环境与人的自然舒适感的关系，结论认为无论是精神层面还是生理层面，木质环境均能营造对人有利的自然舒适的环境（末吉修三，1995；SAKURAGAWA et al.，2005）。宫崎良文进一步研究认为要从植物性神经系统、中枢神经系统和内分泌系统来综合探究木质环境对生理的影响（1998）。也有学者分别对生活在木质材料和其他种类材料环境下的小白鼠进行实验研究，结果得出，木质材料对生物体的有关生理指标状况具有良好的调节作用，适宜生物体的生长、发育和繁殖，且优越于混凝土和金属箱（赵荣军 等，2000；李坚 等，2002）。一些研究结果也表明木材以及木质环境的视

觉刺激及感知，对人体的生理影响和变化起到积极的作用（YAMAGUCHI et al.，2001；TSUNETSUGU et al.，2002，2005，2007；宋莎莎，2011）。

因此，要正视木结构建筑与人类健康之间的关系，在建筑构建中充分体现出以居住者为中心，满足人们的心理、生理健康的要求，实现人、环境、自然的协调统一。

综上所述，国内外以往的研究大部分是对木结构建筑的研究分门别类地各自展开，单一地从不同角度来反映木结构建筑在某一方面的特征和特性，这样就造成对木结构建筑缺失全面考虑和整体分析评价不足的问题。而且，木结构建筑环境的不同构造因子和特性参数，对人类生活的舒适性、宜居性、健康性等指标具体起到什么作用、怎样揭示其本质和发展规律、人们对木结构建筑的认知等问题，目前尚未有科学而准确的定论，对木结构建筑居适性能的研究涉及较少。

根据对以往国内外研究，以及对其他领域研究方法的学习、总结和借鉴，本书将在以往研究的基础上适当的结合环境学、心理学、生理学、生态学、人机工程学等原理，利用主观评价、客观评价、心理生理学实验、模糊数学理论、多元统计分析等方法对整体木结构建筑居适性能进行综合的评价，使建筑设计师、施工者、居住者等能够清楚地了解木结构建筑居适环境性能的影响。

6.2　环境评价

20 世纪 60 年代末，美国联邦政府通过了《国家环境政策法》。之后提出的环境影响评价 EIA（environmental impact assessment），标志着环境影响评价制度的正式建立，也是建筑环境科学、系统评价的开端。在此基础上许多国家也相继推出了绿色建筑和建筑环境评价体系。如 1990 年英国开发了第一个综合建筑环境性能评价体系——建筑环境评价法 BREEAM（building research establishment environmental assessment method）；1998 年美国推出了绿色建筑等级体系 LEED（leadership in energy and environmental design）；而后加拿大开发了绿色建筑评价体系

GB Tool（green building assessment tool）；21 世纪初期日本开发了亚洲首个绿色建筑评价体系 CASBEE（TODD et al.，2001；DING，2008；吴硕贤，2009；李念平，2010）。

近些年，我国关于绿色建筑评价的研究有很大进展。1979 年正式建立了环境影响评价制度；而后国家以及科研机构、设计单位颁布和出台的《绿色生态住宅小区建设要点与技术导则》《中国生态住宅技术评估手册》《绿色奥运建筑评价体系》等都为我国的绿色生态建筑评价工作提供了理论依据和基础。在 2006 年我国又先后推出了绿色建筑评价标准、中国绿色建筑评估体系、生态住宅环境标志认证技术标准，说明建筑环境性能相关的评价研究在我国得到了迅速发展（田蕾，2002）。

相关部门和研究学者同时也对健康住宅建筑技术的要点进行了系统的分析和总结，并对建筑环境性能、生态住宅的评价方法和内容进行了研究（宋莎莎等，2013）。杨志华用模糊数学的方法对住宅整体健康性能进行了分析评价，并编制了计算机评价系统程序（2005）。刘璀基于三角白化权函数的灰色系统评价方法对住宅小区进行环境性能评价（2006）。随着我国评估体系的日益发展，通过将归纳总结、调查走访、对比分析、实证应用等方式与多学科工具相结合，提高了对城市住区中住宅环境评估体系的研究（王静，2006）。住宅室内人居生态环境质量评价指标体系的研究，借鉴了国内外绿色建筑评估体系的相关内容和因素指标，结合我国国情和住宅产业发展现状，通过专家咨询法确定了各级指标，建立了全面、合理的"住宅室内人居生态环境质量指标体系"，改善了住宅区人民的生活品质和居住环境，有利于绿色建筑的可持续发展（李京 等，2006）。

国内外专家学者进一步研究证实，基于生命周期的评价方法（LCA，life cycle analysis）能够较为系统、定量地评价整个建筑工程对环境的影响，并分析整个建筑物在各个环节的能耗和综合环境影响（GARCIA et al.，2005；顾道金，2006）。Mithraratne 等以新西兰奥克兰大学住宅为例，对其使用过程中能量耗费的体现和运行，以及全寿命周期成本等进行了生命周期评价分析（2003）；而后有学者对木竹结构住宅建筑材料进行了全生命周期分析，比较了木建筑原材料从采集、生产到运输整个周期的总能量和主要排放，得出原木资源的采伐和木建筑原材料的运输对环境影响的最小（PUETTMANN et al.，2005）。以上评价体系的研究从比较层面、整体层面以及整体的建筑框架三个层次得到了系统全面的结论（WAYNE et al.，2000），有助于建筑评估体系的建立和研究以及优化建筑设计，对推进建设项目的管理和社会的可持续发展产生了积极作用。

（1）评价必要性

全球性的环境问题已经引起了人们的重视，有研究结果发现引起全球气候变暖的有害物质中，有 50% 是在建筑的建造和使用过程中产生的，所以，居住和环境问题成为人们密切关注的问题之一（李京 等，2006）。中国建筑在材料的选择上有着误区，过度的依赖水泥、钢材和黏土砖。而现今对于建筑人们期望着更加健康、安全和舒适，同时又能最大程度地节约资源和能源，最大限度地降低对环境的影响。现代木竹结构建筑正是符合这些建设理念，所以我们要改变一些固有的陈旧观念，寻求木建筑新材料、新技术，实现原料综合高效利用和更高的节能水平。必须站在更高的层面上来研究木竹结构建筑在城市发展中的现状与趋势，以更广阔的视角、更新的思维、更新的方法去认真考虑技术策略（田蕾，2009）。

许多国家相继着手于"绿色设计""绿色建筑"的研究，从不同角度探索符合绿色、生态、低碳要求的建筑环境。要想了解一个国家的绿色建筑，最全面的是审阅该国制定和实施的绿色建筑评估体系和标准。木竹结构建筑已在全世界范围内有着广泛的应用，但在我国，由于人口问题以及森林资源和土地资源偏少而影响着木竹结构的发展，从而相应的建筑环境评价的应用也起步得较晚。

对于木竹结构建筑居适环境的评价要综合自然科学和人文科学来阐述和评价，木竹结构建筑所营造的生活工作环境的特性和意义，使这种绿色生态建筑能够更加适合人类居住。进一步挖掘木竹结构建筑的人居环境特性和人文科学内涵，使其能够与传统的木竹结构文化和现代的技术创新相结合，让木竹结构住宅优良的性能、美学价值和人文内涵等优点。得到充分发挥，并通过积极推广来实现建筑可持续发展的战略目标。

（2）木竹结构环境评价

木竹结构建筑所构筑的空间影响着人们工作、生活的行为方式，亦在心理、生理上有所反映，因此，木竹结构建筑应该是以人为中心的一个综合空间环境、一个小的生态系统，要充分体现木竹结构建筑、环境、人三者之间的和谐发展（图6-1）。与木竹结构建筑有关的周围一切事物的综合，构成了木竹结构建筑环境，其中构成木竹结构建筑环境的各个因素指标就成为木竹结构建筑的环境影响因子。其中主要因素指标包括地理位置、交通、材料的选择、能源的利用、生态环境因素、室内外环境质量因素（温度、湿度、光、空气、水等）、人为因素（人类活动的影响）、健康宜居性、服务与管理、创新技术等。

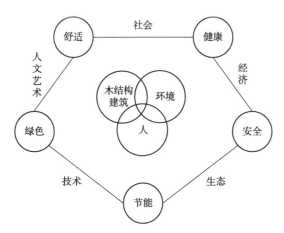

图6-1　木结构建筑人居环境系统

（引自《木结构住宅人居环境的综合性能评价》）

木竹结构住宅的人居环境评价不光要从物理环境和心理环境两方面来探讨人们对木竹结构住宅环境的感知，更要促使人们在生态学的视角下，从人的心理和生理角度出发，研究确定合理的室内环境标准、自然能源利用条件，从而构建满足人们使用要求的"舒适"建筑。

要以"健康、绿色、生态"为宗旨来发展木结构建筑，充分发挥现代木竹结构独特的设计、建造和居住性能的优势。因此，要正视木竹结构建筑与人

类健康之间的关系，充分体现以居住者为中心，满足人们心理、生理健康的要求，实现人、环境、自然的协调统一。

①全生命周期评价的应用

木竹结构建筑是个小的生态系统，只按照设计施工和运营管理两个阶段对绿色建筑进行评估并不合理。现代木竹结构建筑的环境评价要按照建筑的全寿命周期理论，从"规划""设计""施工""验收""运行管理"和"维护"等阶段来考虑。因而，木竹结构建筑环境评价应充分考虑在建筑的全寿命周期内其节能、节地、节水、节材、环境保护等因素，满足建筑功能之间的辩证关系。

②构建木竹结构建筑综合评价体系

随着人们对木竹结构建筑的安全性、节能和舒适性的要求越来越高，有必要采用定性和定量相结合的方式，权衡评价体系的合理性、可控性和操作性等。建立层次结构模型，在此基础上建立量化的综合评价方式，通过客观、合理的方法确定其评价指标及权重体系，根据其重要程度进行权重体系的分解，从而建立一整套量化的、符合程度较高的评价指标体系，来实现对木竹结构建筑环境的合理评价。

③木竹结构建筑环境评价体系的推行

在国家的"十二五"期间，政府应采取强制性措施，规范绿色建筑标识的应用，通过建立、健全相应的管理制度和标准规范，逐步完善绿色建筑的注册、审查、评价、公示等程序，推动我国木竹结构建筑环境质量的提高。各企业应该积极参与完善木竹结构建筑环境评价体系的确立，与此同时，政府应采取一系列的激励措施，逐步形成政府积极宣传—引导—申请单位踊跃认证—使用者高度认可的良性循环模式，从而促进木竹结构建筑和自然环境的和谐统一。

（3）评价方法

可通过最基本的方法——调查法和比较法，对木竹结构建筑与其他建筑的自然环境、人文环境、社会环境、经济环境等进行综合比较分析。

通过实地考察、访谈，对不同年龄、性别、专业背景等条件的人群采用大量的抽样问卷调查，并选择性地采用赛斯通式量表、李克特式量表、语义微分

法等对被试者进行主观评价的心理实验，对木竹结构住宅的环境质量和性能进行评价分析。通过拍照和录像、观察和行为记录，以及采用生理参数测量仪器测量心电、脑电、血压、脉搏、皮肤温度等生理指标进行人体行为的生理实验，进而探寻木竹结构住宅与人的心理、生理之间的内在联系，为打造舒适、健康的人居环境提供理论依据。

木竹结构住宅的人居环境评价分析，以统计学方法来探讨分析指标因素之间的关系和规律；通过深度访谈法、德尔菲法、综合指数法、灰色关联度法、层次分析法、模糊综合评价法等，进行权重指标的确定、数学模型的建立；最后做出综合评价。

综上，利用自然科学的方法进行定量分析，结合人文科学理论进行定性描述，进一步挖掘木竹结构建筑的人居环境优质特性及其人文科学内涵，使其能够得到更多认可和了解，让现代木竹结构住宅的科学技术、优良特性、美学价值和人文内涵等特点相融合，并得到广泛的应用和发展。

6.3 研究案例

6.3.1 木结构建筑的居适环境评价

木竹结构建筑环境的不同构造因子和特性参数，对人类生活的舒适性、宜居性、健康性等指标具体起到什么作用、怎样揭示其本质和发展规律、人们对木竹结构建筑的认知等问题，目前尚未有科学而准确的定论，对木竹结构建筑整体环境特性以及人居性能的研究涉及较少。因此，站在可续发展的角度来探究木竹结构建筑环境的生态设计，必须从物理、人们的心理和生理角度出发，来研究室内、外环境、自然能源的利用等，确保在木竹结构室内环境品质、能耗、环保之间寻找平衡点（李念平，2010）。让木竹结构建筑满足人们的使用要求和精神需求，最终体现到对人性的关怀，达到以人为本的设计理念。所以，木竹结构生态建筑的核心价值在于低限度的能源、资源消耗，对环境无污染，良好的室内环境质量，并能够保证使用者心理、生理和社会生活等方面的健康要求。对木竹结构建筑进行居适环境的评价与分析，丰

富了木竹结构建筑与人居环境特性的评价体系，对木竹结构建筑的发展具有一定的理论意义和实用价值，同时可满足人们对日益增长的环保需求，创造更加舒适、健康的人居环境。

木竹结构住宅的人居环境评价主要是从物理环境和心理环境两方面来探讨人们对木竹结构住宅环境的感知。从人的心理和生理以及生态学的角度出发，研究确定合理的室内环境标准、对自然能源的利用等条件因素，来满足人们对"舒适"建筑的要求。因此要以"健康、绿色、生态"为目标，充分展现现代木竹结构独特的设计、建造和居住性能的优势；要以居住者为中心，充分体现木竹结构建筑与人类健康之间的关系，满足人们心理、生理健康的要求，实现人、环境、自然三者的协调统一。

以木结构住宅人居环境评价为例，最基本方法是通过文献调查法和比较法对以往研究的木竹结构建筑与其他建筑从自然环境、人文环境、社会环境、经济环境等方面进行综合的比较分析。采用环境监测仪器以及计量仪等对木竹结构住宅的室内外热环境、声环境、光环境、空气品质等主要指标进行全年的指标监测；还可以通过现场调查、收集资料、监测计划设计、优化布点、数据采集处理等手段，对木竹结构住宅进行综合评价分析。木结构住宅环境对人心理生理指标的影响，是通过对不同年龄、性别、专业背景等条件的人群进行实地考察、访谈，或者采用大量的抽样问卷调查，或者采用赛斯通式量表、李克特式量表、语义微分法等方法，对被试者进行主观评价的心理实验，进而对木竹结构住宅的环境质量和性能进行评价分析。通过拍照和录像、观察和行为记录，以及采用生理参数测量仪器测量心电、脑电、血压、脉搏、皮肤温度等生理指标进行人体行为的生理实验，进而探寻木结构住宅与人的心理、生理之间的内在联系，为舒适、健康的人居环境提供理论依据。木结构住宅的人居环境评价分析，以统计学方法来探讨分析指标因素之间的关系和规律，通过深度访谈法、德尔菲法、综合指数法、灰色关联度法、层次分析法、模糊综合评价法等进行权重指标的确定及数学模型的建立，最后做出综合评价（宋莎莎 等，2013）。

为定量表达、评价分析木结构建筑环境引起的

人们心理、生理的变化，本研究案例对 3 种不同类型房屋进行了比较测试。为今后木结构建筑人居环境的产品设计、应用等方面的科学高效利用提供理论支撑和参考依据。

被试者为随机抽取的不同行业背景人员共 20 人，男 10 人、女 10 人，平均年龄 27.15 岁。其中研究生学历占 35%，本科学历占 15%，专科学历占 25%，专科以下占 25%。实验房屋为苏州皇家住宅系统股份有限公司园区的低碳示范建筑。3 种建筑房屋类型分别为原木结构、胶合木结构和钢混结构（图 6-2）。3 种建筑房屋的面积基本相同，原木结构房屋的木质内装

饰为 95% 左右，胶合木结构房屋的木质内装饰为 70% 左右，钢混结构房屋的木质内装饰为 20% 左右。实验仪器设备包括 CAPTIV 行为分析同步系统（图 6-3）、BAPPU 便携式环境测试仪（图 6-4）、笔记本电脑。

利用 CAPTIV 行为分析系统同步记录测试被试者的生理指标（心率、心电、呼吸、皮电、皮温、表面肌电），分别将 6 个无线传感器安置在被试者的躯干和手臂部位，并利用 BAPPU 便携式环境测试仪进行环境数据（温度、湿度、噪音、照度、空气流通速度）的同步监测（图 6-4）。被试者在 3 种天气状态下，分别进入到 3 种不同类型房屋中，依次完成静坐休息、

（a）原木结构　　　　　　　　（b）胶合木结构　　　　　　　　（c）钢混结构

图 6-2　测试房屋类型

（a）CAPTIV 行为同步分析系统　　　　　（b）BAPPU 便携式环境测试仪

图 6-3　试验设备

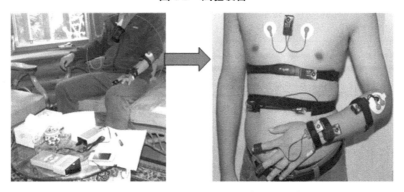

图 6-4　CAPTIV 与 BAPPU 同步测试示意图

走动、爬楼梯、看图片四项任务。每项任务的时间为2min。此外，每个实验的时间不少于10min。为保证个体的生理指标恢复到基线水平，实验与实验间隔的休息时间不少于10min。

表6-1、表6-2为在不同类型房屋下，采集的环境数据以及被试者的生理指标数据。多元方差分析结果显示，不同的房屋类型在环境温度上的主效应差异显著（F=27.154，$P<0.05$）；在环境湿度上的主效应差异显著（F=5.928，$P<0.05$）；在环境噪音上的主效应差异显著（F=15.652，$P<0.05$）；在环境照度上的主效应差异显著（F=21.262，$P<0.05$）；在空气流通速率上的主效应差异显著（F=37.443，$P<0.05$）。房屋类型在皮温上的主效应差异显著（F=5.532，$P<0.05$）；在皮电上的主效应差异不显著（F=0.143，$P>0.05$）；在肌电上的主效应差异不显著（F=0.003，$P>0.05$）；在心电上的主效应差异显著（F=5.617，$P<0.05$）；在呼吸上的主效应差异显著（F=13.971，$P<0.05$）；在心率上的主效应差异不显著（F=1.732，$P>0.05$）。

表6-1   三种房屋类型下环境指标数据（M±SD）

环境指标	原木结构（n=20）	胶合木结构（n=20）	钢混结构（n=20）
温度（℃）	18.945 ± 1.675	19.775 ± 1.700	18.076 ± 1.662
湿度（%）	52.474 ± 6.946	53.273 ± 4.508	55.644 ± 9.3011
噪音[dB（A）]	47.959 ± 6.499	49.297 ± 4.473	51.585 ± 6.184
照度（Lux）	193.86 ± 205.455	100.36 ± 99.520	119.65 ± 53.828
空气流通速率（m/s）	0.116 ± 0.089	0.119 ± 0.151	0.387 ± 0.341

表6-2   三种房屋类型下生理指标数据（M±SD）

生理指标	原木结构（n=20）	胶合木结构（n=20）	钢混结构（n=20）
皮温（℃）	27.815 ± 0.293	29.239 ± 0.344	28.871 ± 0.368
皮电（μS）	2.304 ± 0.076	2.310 ± 0.089	2.247 ± 0.095
肌电（μV）	21.416 ± 2.554	21.684 ± 2.999	21.611 ± 3.208
心电（μV）	−0.318 ± 0.025	−0.274 ± 0.029	−0.186 ± 0.031
呼吸（%）	91.841 ± 0.644	88.146 ± 0.756	86.737 ± 0.809
心率（BMP）	82.013 ± 1.423	81.593 ± 1.671	85.705 ± 1.787

在不同天气状况、不同任务状态和不同性别人群的条件下，被试者的生理指标在不同房屋类型中的变化如图6-5~图6-10所示。

人体在胶合木环境中的皮温要略高于原木和钢混结构，这可能是由于胶合木房屋的墙体保温系统对室内热环境的影响，使人体感觉到在此环境中温湿度的舒适性。在3种房屋环境中，阴雨天的皮温值高于晴天状态下，运动时的皮温值略高于静止状态，女性皮温值高于男性。

晴天和雨天的天气下，人体在胶合木屋和原木屋的皮电值高于钢混屋。爬楼梯和看图片时胶合木和原木屋的皮电值高于钢混屋。男性皮电值高于女性，

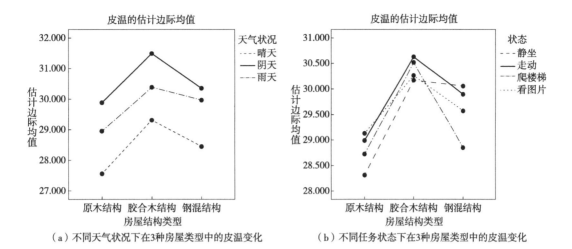

（a）不同天气状况下在3种房屋类型中的皮温变化　　（b）不同任务状态下在3种房屋类型中的皮温变化

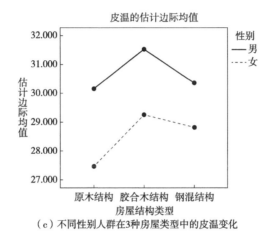

（c）不同性别人群在3种房屋类型中的皮温变化

图 6-5　不同天气状况、不同任务状态和不同性别人群的条件下被试者的皮温变化

皮电值：胶合木结构房屋 > 原木结构房屋 > 钢混结构房屋。这是由于皮电指标受当时人与环境的因素影响，走路速度和持续时间不一定会引起太大的反应；而情绪在看图片和静坐时会受额外因素的影响，比如看图片时对房屋有向往的人皮电反应比较大，静坐时思绪不定也有可能影响皮电。

多数情况下人体肌电值：原木结构房屋 > 胶合木结构房屋 > 钢混结构房屋。在 3 种结构房屋环境中，晴天和雨天的肌电值高于阴天状态，运动中（走动、爬楼梯）的肌电值高于静止状态（静坐、看图片），男性肌电值高于女性。

多数情况下心电值：钢混结构房屋 > 胶合木结构房屋 > 原木结构房屋。这可能是由于原木和胶合木结构房屋能够给人们带来温馨舒适感。在 3 种结构房屋环境中，晴天的心电值高于阴天状态，这可能是由于阴天和雨天的天气变化所导致被试者可能会出现消

沉、阴郁以及焦虑的心理情绪。看图片的心电值 > 爬楼梯 > 静坐，女性心电值高于男性。

人体呼吸频率值：在原木结构房屋 > 胶合木结构房屋 > 钢混结构房屋。因为知觉涉及我们怎样感知环境和认知过程，所以人们对木材独特气味的认知起到了重要的作用。原木自身气味令居室中弥漫着淡淡的清香，好似回到大自然的感觉，所以人们在原木房屋环境中会感觉身心舒畅。在 3 种结构房屋环境中，雨天的呼吸值高于晴天和阴天状态，静止状态（静坐、看图片）呼吸值高于运动状态（走动、爬楼梯），男性呼吸值高于女性。

心率值：钢混结构房屋 > 原木结构房屋 > 胶合木结构房屋。在 3 种结构房屋环境中，阴雨天的心率值高于晴天和状态，运动状态（走动、爬楼梯）心率值高于静止状态（静坐、看图片），女性呼吸值高于男性。心率的大小都是随着任务动作增大而增高。

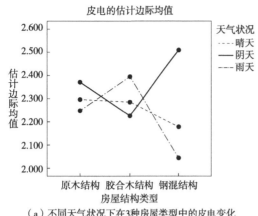

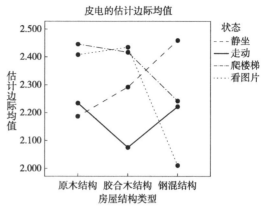

（a）不同天气状况下在3种房屋类型中的皮电变化 （b）不同任务状态下在3种房屋类型中的皮电变化

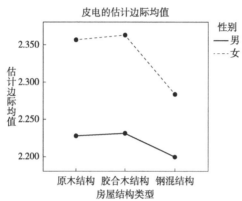

（c）不同性别人群在3种房屋类型中的皮电变化

图6-6 不同天气状况、不同任务状态和不同性别人群的条件下被试者的皮电变化

通过研究3种不同结构房屋环境中物理环境指标与生理指标的变化，得到如下结论：

第一，温度、湿度、噪音、照度、空气流速对原木、胶合木、钢混3种不同建筑结构房屋的环境有显著性差异。相比较而言，原木和胶合木结构的房屋中物理环境因素的影响都较好于钢混结构房屋，有利于居住者的身体健康。

第二，原木、胶合木、钢混3种不同建筑结构房屋的环境中，生理指标皮温、心电、呼吸呈现出显著性差异。被试者处于胶合木结构房屋环境中皮温指标高于原木和钢混结构，钢混结构中心电指标高于原木和胶合木结构，原木和胶合木结构环境中呼吸指标高于钢混结构。这表明被试者在胶合木和原木结构房屋环境中比较感兴趣，心情愉悦，有着舒适轻松的感觉。

第三，与钢混结构房屋相比，两种木结构房屋环境都会给人以舒适的状态，其中胶合木结构房屋略优于木结构房屋。定量的生理指标监测能够很好地揭示人们处于不同结构房屋环境中无法获取的一些感官影响。

6.3.2 木结构建筑居适环境综合评价体系构建

随着经济快速发展、人们生活水平的提高，人们的住房理念正在变化，更倾向于环保、健康和舒适的居住环境，所以，重视改善和优化人居环境，对于促进绿色、生态建筑发展具有促进作用。现代木结构以其独特的设计、建造和居住性能等优势顺应现代住宅建筑的理念，而且木结构建筑的发展也符合我国倡导的节约型社会的政策方针。如今更要结合国情来分析我国发展木结构房屋的优势和现状。通过引进技术、消化吸收、集成创新，让低碳、环保、节能的现代木竹结构建筑重新回归到中国市场并得到多元化发展。让越来越多的房地产公司、设计公司、施工单位、高校科研单位以及消费者对木结构建筑都产生浓厚的兴趣。

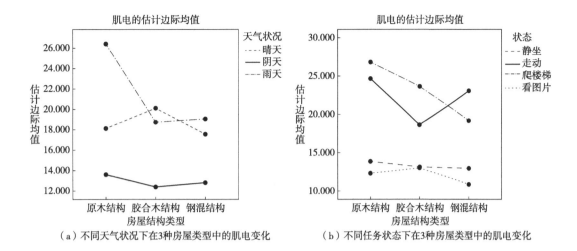

（a）不同天气状况下在3种房屋类型中的肌电变化　　　（b）不同任务状态下在3种房屋类型中的肌电变化

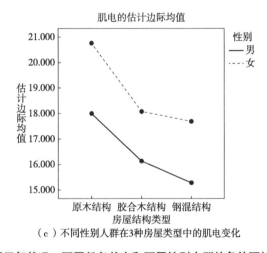

（c）不同性别人群在3种房屋类型中的肌电变化

图6-7　不同天气状况、不同任务状态和不同性别人群的条件下被试者的肌电变化

对于木结构建筑居住环境的研究重点应该放在木质环境、感觉特性和心理学之间的关系上。人的感觉特性通过神经传导的生理作用产生对应的心理效应，通过大脑思维意识最后得出感觉评价。基于这个过程，研究者采用心理生理学方法研究木质环境以及建筑装饰材料对人体的影响（于海鹏 等，2003），为寻找木质环境与人体生理指标和主观评价之间的内在联系进行了有益的探索。木结构建筑是一个开放的小型生态系统，其内部、外部环境存在相互渗透、相互交换、相互影响的关系。

6.3.2.1　评价方法

（1）文献分析法

人居环境的舒适性、健康性、宜居性引起人们的普遍关注，如何对建筑和居住区进行评价已经成为社会关注的问题。文献分析法可以从客观、系统量化的角度来提取所需要的资料，可以帮助理清木竹结构建筑环境性能相关的研究背景、理论发展状况、研究的具体方向等。根据文献探讨理论为木结构建筑环境综合评价指标的调查问卷提供了参考依据和调研方向。

研究中，我们比较了中国和其他国家使用的典型建筑环境评估系统，评估的方法包括已经被全世界广泛应用的作为一种具有环境保护意识目标的各种各样的概念（SHUZO et al.，2002）。这些评估系统反映各国对建筑环境不同程度的关注（表6-3）。

表 6-3　国际比较典型的建筑环境评估系统
（TODD et al.，2001；GRACE，2008；田蕾，2009）

评估工具	BREEAM	LEED	GBTooL	CASBEE	CEHRS	GOBAS	ESGB
应用	英国	美国	加拿大	日本	中国	中国	中国
制定时间	1990	1998	1998	2002	2001	2003	2006
评估工具 社会	√	√	√	√	√	√	
评估工具 经济			√				
评估工具 生态	√	√	√	√	√	√	√
评估内容	1. 管理 2. 能源 3. 健康 4. 污染 5. 运输 6. 土地使用 7. 生态 8. 材料 9. 水资源	1. 可持续场地 2. 用水效率 3. 能源与大气 4. 材料与资源 5. 室内环境质量 6. 创新与设计	1. 资源消耗 2. 环境荷载 3. 室内环境质量 4. 服务质量 5. 经济性 6. 运行管理	1. 能源效率 2. 资源效率 3. 当地环境 4. 室内环境	1. 住宅环境规划与设计 2. 能源与环境 3. 室内环境质量 4. 住宅水环境 5. 材料与资源	1. 环境 2. 能源 3. 水资源 4. 材料与资源 5. 室内环境质量	1. 节地与室外环境 2. 节能与能源利用 3. 节水与水资源利用 4. 节材与材料资源利用 5. 室内环境质量 6. 运营管理

注：

BREEAM—建筑研究所环境评价法　　CEHRS—中国生态住宅技术评估体系

LEED—绿色建筑评估体系　　GOBAS—绿色奥运建筑评估体系

GBTooL—绿色建筑工具　　ESGB—绿色建筑评价标准

CASBEE—建筑物综合环境性能评价体系

（2）问卷调查法

主要参考文献分析法与实地调研等信息进行问卷调查表的设计，来反映专家们对木竹结构建筑环境评价指标的反馈意见，以达到为建筑环境设计提供依据以及使用后评价的目的。采用专家问卷调查法，必须透过客观、系统、具体化的操作过程来收集可靠、有效的资料。

问卷的设计主要包括3个部分内容，第一部分是被调查者基本资料，匿名填写，调查单位要对其保密；第二部分是针对木结构建筑居适环境拟建立的评价指标因素；第三部分是调查的重点，是专家对木结构建筑居适环境评价指标提出的建议和修改说明，根据专家的建议增列了3个评价指标，修改了评价指标。

（3）深度访谈法

深度访谈法是本研究主要针对大专院校、科研机构以及企业的木结构建筑、木材科学研究领域的专家学者和科研人员所运用的研究方法。国内对于木结构建筑环境评价的相关文献探讨甚少，利用深度访谈法主要是可以了解国内目前木结构建筑环境研究的最新进展，获取有效信息。

6.3.2.2 木结构建筑居适环境多层级评价指标体系构建

木结构建筑居适环境的模糊评价是应用模糊数

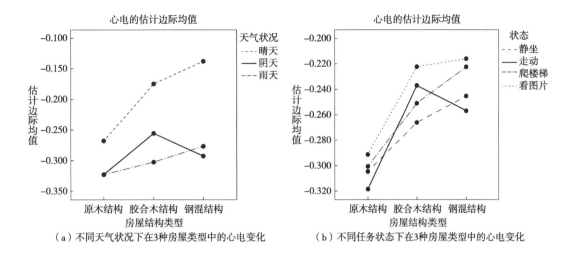

（a）不同天气状况下在3种房屋类型中的心电变化　（b）不同任务状态下在3种房屋类型中的心电变化

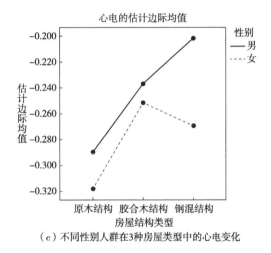

（c）不同性别人群在3种房屋类型中的心电变化

图6-8 不同天气状况、不同任务状态和不同性别人群的条件下被试者的心电变化

学的理论和方法，根据木竹结构本身的环境系统，进行多级模糊综合评价。模糊综合评价法是对事物所受到的多因素制约条件进行全面的综合评价，根据模糊数学的隶属度理论把定性评价转化为定量评价，能够较好地解决事物间的模糊性、分析各种不确定性，而且数学模型简单，适用于多因素多层次复杂问题的综合评价（李洪兴 等，1994；蒋泽军 等，2004；RANTIN et al.，2014）。现实生活中，对于木结构建筑的居适环境同样受到许多不确定因素和模糊因素的影响，如果只用一种指标去衡量则是片面的，人们对其的评价也大多采用带有模糊性的语言。所以模糊综合评价可以考虑模糊决策以及木结构建筑环境的优化问题，更能够体现木结构居适环境的更多优势所在（宋莎莎 等，2015）。

（1）建立木结构建筑居适环境关系模型的评价指标

木结构建筑环境质量调查的是建筑内部环境对使用者的影响，包括室内环境和室外环境，以及木结构建筑整体系统本身对使用者的工作和生活在安全性、健康性、便利性、宜人性等方面的影响。人类对建筑环境质量的认知和要求并不是一成不变的，这与本国的社会经济、建筑产业的发展等有着联动关系。所以，建筑是人们工作生活的必需品，在满足了安全性、适用性的基础上，更要考虑建筑的舒适性、宜居性、健康性、永续性等更高层次的要求，让使用者真正地生活在一个优质的环境中。因此依据以上研究方法以及木结构建筑人居环境的内涵和要求，对影响

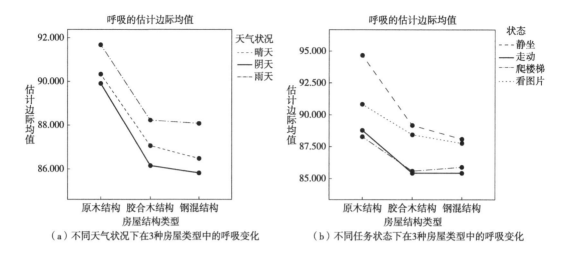

（a）不同天气状况下在3种房屋类型中的呼吸变化　　（b）不同任务状态下在3种房屋类型中的呼吸变化

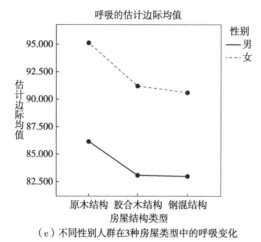

（c）不同性别人群在3种房屋类型中的呼吸变化

图 6-9　不同天气状况、不同任务状态和不同性别人群的条件下被试者的呼吸变化

木结构建筑环境质量的主要因素进行了科学的选取，选取的主要原则体现在以下几个方面：

①分析对比国外的绿色建筑评价，这些评价体系的出台，对全球绿色建筑的发展起到了重要作用。

②研究我国相关的绿色生态建筑评价。

③参照目前建筑业所执行的国家标准和规范中的相关指标，借鉴与环境质量相关的因素指标。

④结合科研院所、木结构建筑企业、协会等机构建造的典型案例和示范样板房的发展现状，以确定因素指标。

⑤参考专家提出的建议，以确定相关因素指标。

木结构建筑的建筑技术、性能和空间的艺术形象等固然重要，但是最终的目的是为人类提供活动的场所，充分体现它的功能性。依据上述指标因素选取原则，尽可能做到使评价指标因素客观化、系统化。

根据低碳木结构建筑的主题，考虑碳排放量，减少对资源、环境的负荷和影响等方面因素。同时，由于木结构建筑营造的木质环境只有通过人们活动才有意义，一定要考虑到人与环境之间的心理互动关系。健康人居环境的营造一定要从居住者心理健康和身体健康要求的角度来考虑，使居住者的生活环境尽量满足健康、舒适、安全、生态、环保的要求，全面提升人居环境品质，与自然环境相融合，以达到永续性居住的目标。

从生态环境、建筑物理环境、心理环境、社会适应性、人文因素、经济因素等方面进行综合衡量，参照工作分解结构（WBS）的方法将木结构建筑环境的评价指标进行逐层分解（分为三级），从而提高评价的可操作性、有效性、可扩展性。一级评价指标分为两方面，二级评价指标分为六大类，三级评价指

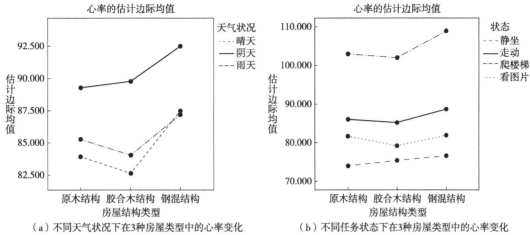

（a）不同天气状况下在3种房屋类型中的心率变化　　（b）不同任务状态下在3种房屋类型中的心率变化

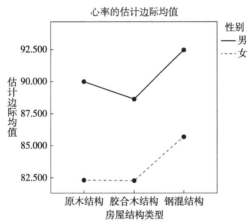

（c）不同性别人群在3种房屋类型中的心率变化

图 6-10　不同天气状况、不同任务状态和不同性别人群的条件下被试者的心率变化

标中有 30 个子项，见表 6-4。这些指标因素主要包含生态、节能、减废、健康四个领域。建立一级评价指标因素集为：U=（木结构建筑环境质量、木结构建筑环境性能）；建立二级评价指标因素集为：U_1=（室内环境，室外环境，服务质量），U_2=（材料资源，能耗，宜居性）；建立三级评价指标因素集为：U_{11}=（室内声环境，室内光环境，室内热环境，室内空气品质，室内振动环境，绿色建筑设计），U_{12}=（室外声环境，室外光环境，室外热环境，绿化和景观，区域基础设施），U_{13}=（耐久性，安全舒适性，环境卫生，文化娱乐，跟踪维护系统），U_{21}=（水资源，土地资源，地环境负荷材料，生产力，碳排放量），U_{22}=（建筑设备及系统的高效化，可再生能源的利用，建筑智能化），U_{23}=（环境营造，环境管理，健康性，舒适性，经济性，社会功能性）。

表 6-4　木结构建筑居适环境的综合评价指标

一级评价指标	二级评价指标	三级评价指标
木结构建筑环境质量	室内环境	室内声环境
		室内光环境
		室内热环境
		室内空气品质
		室内振动环境
		绿色建筑设计
	室外环境	室外声环境
		室外光环境
		室外热环境
		绿化和景观
		区域基础设施
	服务质量	耐久性
		安全适应性
		环境卫生
		文化娱乐
		跟踪维护系统

（续）

一级评价指标	二级评价指标	三级评价指标
木结构建筑环境性能	材料资源	水资源
		土地资源
		生产力
		碳排放量
	能耗	建筑设备、系统的高效化
		可再生能源的利用
		建筑智能化
	宜居性	环境营造
		环境管理
		健康性
		舒适性
		经济性
		社会功能性

（2）建立木结构建筑居适环境关系模型的评价等级

表6-5为木结构建筑三级指标综合评价。专家评语集拟建立为优、良、一般、较差、差五个等级。这里面优：90~100分；良：80~90分；一般：70~80分；较差：60~70分；差：60分以下，得到一个评语集：$V=$（优，良，一般，较差，差）。将五个评语等级赋值，得 $E=(95,85,75,65,55)^{\mathrm{T}}$。

（3）确立木结构建筑居适环境关系模型的评价权重

要确定各个因素指标对木结构建筑居适环境性能影响的重要程度，即各因素指标的权重。木结构建筑的居适环境涉及了很多专业，因此各个评价指标的权重通过专家调查法来确定。木结构住宅居适环境评价权重集为：

$$A_i=(a_{i1},a_{i2},\cdots,a_{ik},\cdots,a_{im}),$$

做归一化处理，满足 $\sum_{k=1}^{n}a_{ik}=1$。由此得到：

一级指标权重：$A=(0.55,0.45)$；

二级指标权重：$A_1=(0.385,0.29,0.325)$，

$A_2=(0.35,0.23,0.42)$；

三级指标权重：$A_{11}=(0.14,0.145,0.16,0.25,0.155,0.15)$，

$A_{12}=(0.205,0.19,0.18,0.20,0.225)$，

$A_{13}=(0.215,0.32,0.15,0.12,0.195)$，

$A_{21}=(0.19,0.25,0.18,0.16,0.22)$，

$A_{22}=(0.39,0.27,0.34)$，

$A_{23}=(0.175,0.15,0.205,0.18,0.11)$。

木结构建筑居适环境评价指标的权重调查是针对与建筑行业相关的专家、学者以及从业人员等。其

表6-5　木结构建筑三级指标综合评价

三级评价指标		评价等级					三级评价指标		评价等级				
		优	良	中	合格	不合格			优	良	中	合格	不合格
室内环境	室内声环境	4	4	2	0	0	材料资源	水资源	5	4	1	0	0
	室内光环境	4	3	3	0	0		土地资源	6	2	2	0	0
	室内热环境	4	3	2	1	0		低环境负荷材料	3	5	2	0	0
	室内空气品质	7	2	1	0	0		生产力	2	3	3	2	0
	室内振动环境	4	2	3	1	0		碳排放量	4	5	1	0	0
	绿色建筑设计	3	4	2	1	0	能耗	建筑设备、系统的高效化	5	3	2	0	0
室外环境	室外声环境	4	4	2	0	0		可再生能源的利用	4	3	3	0	0
	室外光环境	3	4	3	0	0		建筑智能化	3	4	2	1	0
	室外热环境	3	4	2	1	0	宜居性	环境营造（符合心理、生理需求）	5	3	2	0	0
	绿化和景观	4	3	2	1	0		环境管理	3	5	2	0	0
	区域基础设施	6	3	1	0	0		健康性	7	2	1	0	0
服务质量	耐久性	5	3	2	0	0		舒适性	6	3	1	0	0
	安全适应性	7	3	0	0	0		经济性	5	4	1	0	0
	环境卫生	4	3	3	0	0		社会功能性	2	2	4	2	0
	文化娱乐	2	4	2	2	0							
	跟踪维护系统	4	4	2	0	0							

中被调查对象共 30 人（男性 12 人，女性 18 人），平均年龄 32.67 岁。文化程度：博士 12 人、硕士 9 人、大学本科 5 人、大专 4 人。工作性质：高校 8 人、研究院所 6 人、规划设计院 5 人、企业 9 人、自由职业者 1 人、其他职业 1 人。建筑领域从业时间：3 年以下 15 人、3~5 年 8 人、5~10 年 5 人、10 年以上 2 人。从事木竹结构建筑领域时间：3 年以下 21 人、3~5 年 5 人、5~10 年 4 人。

6.4　木竹结构建筑的生态性和可持续发展

　　木材是天然可再生材料，易于加工、无毒。木材的可持续性能还体现在易降解性上，可以减少不可分解物对环境的污染，促进整个生态系统的良性循环。作为一种可再生资源，其主要属性是它吸收和减少大气中的 CO_2。实质上使用每立方米木材代替其他建筑材料可节约 0.8t CO_2 的释放。如果平均分离木竹结构住宅这相当于释放约 4~5t 的 CO_2。持续管理中的树木可实现木材、碳和能源的最佳利用。而且，在建筑中使用木材能够实现长期的碳储存。所以，可以考虑选择木质建筑材料来替代排放密集型行业制造的材料，如钢铁、水泥和其他材料。要充分认识到蕴含能与排放的区别，做好恢复和利用木质废弃物中的能源。

　　木竹结构行业支持私企和政府部门间的合作，与其他形式相比在建筑施工过程中更快更有效。木竹结构建筑可以在短时间内封闭现场使用工厂预制系统。木竹结构建筑体系之所以在市场中有较好的发展潜力，是因为通过使用基于木制品的轻量级构建系统可以显著降低中低层建筑的成本。木竹结构建筑可以储碳、实现替代收益，提高了景观级的碳密度，同时为缓解气候变化作出贡献。现今，大量具有鲜明结构特色和环保意识的木竹结构建筑不断出现，并投入使用。

　　建筑的生态性必须建立在材料的生态性基础上。木材来源于可以持续利用的资源——森林。木制品的开发利用对环境的负担也远小于钢材、水泥和塑料。中国拥有世界上最大的建筑市场，中国建筑业长期以来一直采用钢筋混凝土等传统建筑材料，对能源和资源消耗严重，环境负荷沉重，迫切需要开发推广有利于节能减排的新型建筑体系。因此，在中国城市发展中使用在国外备受推崇的、具有节能减排优势的木竹结构建筑，无论从能源、材料或成本而言都是富有效率的；而且，它们的安全性、耐用性和规范性，都特别适用于处于地震带的地区。木竹结构建筑就像一座天然的空气调节器，做到了真正的"冬暖夏凉"。木竹结构建筑能让人更接近自然、亲和自然，能够与环境协调，给人以自然质朴的美。

7

木竹结构建筑与康养

随着空气污染、环境破坏等生态问题日益严重，人们的生存和健康受到极大威胁，亚健康群体急剧增大，康养概念逐渐被大众所熟悉和接受。森林是"地球之肺"，它不仅可以维持陆地生态系统的稳定，还可以调节气候、防止水土流失，对人类生产生活产生了巨大影响。此外，森林还具有保健及治疗疾病的功效。

康养统摄健康、养生和养老3个方面，并分成三个维度：健康维度包括"健康—亚健康—临床"等状态，致力于让人回到良好的健康状态，以增强生命自由度；养生维度包括"身体—心理—精神"3个层面，包含对人"身、心、灵"全面养护，以增强生命丰度；养老维度包括"孕—婴—幼—少—青—中—老"等人生不同阶段，是对人全生命周期的养护，不仅致力于生命长度，更关注生命质量。

康养以养为手段，以康为目的，是对生命的长度、丰度和自由度三位一体的拓展过程，是结合外部环境改善人的身心并使其不断趋于最佳状态的行为。在康养产业发展所需的康养环境、资源、设施、市场四大要素中，森林对人体、心理和生理机能起到了积极作用，成为无可替代的环境要素。森林不仅具有除尘、杀菌、吸毒等环境调节作用，亦可通过人的各种感官作用于人的中枢神经系统，从而调节和改善人体的机能，给人以宁静、舒适、生气勃勃、精神振奋的感觉而增进健康。

7.1 森林康养

森林是人类文明的摇篮，"树叶蔽身、摘果为食、钻木取火、构木为巢"是森林孕育人类文明的真实写照。中西方文化中，有很多关于人类与森林关系的描述。早在公元前6世纪"人法地、地法天、天法道、道法自然"的道教文化，就提出了人与自然和谐，人乃自然的一部分的学说。西方国家普遍观点认为，在人类漫长的发展历史当中，从森林走向平原，从原始走向现代，是一种渐渐脱离本源生存环境的过程。随现代文明的发展，人类与自然逐渐隔离，伴之而来的，人类身心健康问题越来越多，这或许跟人类与自然的隔离具有因果关系（杨国亭 等，2017）。

7.1.1 森林康养的科学内涵

森林康养将优质的森林资源与现代医学和传统医学有机结合，开展森林康复、疗养、养生、休闲等一系列有益人类身心健康的活动。森林康养包含森林浴、森林疗（休）养等概念，并突出了"康"。"康"可理解为康复、促进和维护健康等。"森林康养"这一术语能够更好地突显森林与人类健康的关系，并融合了健康产业与林业产业，使林业发展更加契合"健康中国"这一国家战略。

森林康养以人为本、以林为基、以养为要、以康为宿，目的是预防养生、休闲娱乐、保健康体。森林康养涵盖了森林疗养的内涵，而且覆盖旅游、休闲、养生、健身等，其受众更广，适合所有的群体。

森林康养以人为本。根据世界卫生组织对人类健康状况调查显示，经医院诊断患各种疾病的人占全球总人口的20%，处于亚健康状态的人占75%，符合真正健康标准的人仅占5%。森林康养坚持"以人为本"理念，强调满足不同人群对不同健康层次的需求，有针对性地开展康养活动。

森林康养以林为基。森林康养的基础在于优质的森林资源。笔者认为，优质的森林资源需满足以下条件：第一，具有一定规模的集中连片森林；第二，景观优美，森林风景质量等级应达到GB/T 18005—1999《中国森林公园风景资源质量等级评定》二级以上，附近没有工业、矿山等污染源；第三，充足的两气一离子，即氧气、植物精气和空气负离子。

森林康养以养为要。森林康养的要点在于"养"。实现这个"养"，不仅需要一片优质的森林资源，还需要融合现代医学和传统医学。森林康养区别于大众化森林旅游和低端化森林观光之处即在于此。它是以现代医学和传统医学为手段，检测人们在开展森林康养活动前后的身体状况，以寻求一种人在森林中进行活动后，健康得到恢复和提高的科学行为。森林康养注重人与自然的融合，提倡以回归自然的方式进行养生，即养身、养眼、养心、养颜、养病。

森林康养以康为宿。森林康养的最终目的是恢复、维护和促进人体健康，实现人类的健康长寿。"康"是森林康养的目标所在，是森林康养的归宿。"康"的保障在于优质森林资源的"优"要有数据，准确健康体检的"准"要有保障，技术精良的康养从业人员的"精"要有国家职业资格认定。

7.1.2 森林康养对健康产业的作用

"森林康养"的概念产生于大健康建设背景，是近年来国内很多地方悄然出现的一种新业态。它以森林资源开发为主要内容，融入旅游、休闲、医疗、度假、娱乐、运动、养生、养老等健康服务新理念，形成一个多元组合、产业共融、业态相生的综合体，是我国大健康产业发展的新模式、新业态、新创意。森林具有吸收二氧化碳、释放氧气、吸毒、除尘、调节气候等功能，对人体产生有益影响。

森林的光照、温度等环境因子对人体健康具有积极作用。森林中植物枝叶可过滤阳光，阻挡部分紫外线，人们在森林环境中散步、休闲娱乐等，其光照强度令人感觉舒适；森林环境中的温度、相对湿度、平均风速、声环境等都明显优于城市环境；鸟鸣、溪流等自然声音还给人以美的享受（胥玲，2015）。

森林可释放负氧离子。森林是产生负氧离子的重要载体，树冠、枝叶尖端放电以及绿色植物光合作用形成的光电效应会促使空气电解，产生负氧离子（曾署才 等，2006）。负氧离子被人体吸收后，产生生物效应，能够有效增强人体心、脑、肺功能，减轻高血压、心脑血管、糖尿病等疾病，缓解人体疲劳。同时，森林中的负氧离子还能吸附、沉降空气中的有害微粒，净化空气（谢雪宇，2014）。

森林植物产生的杀菌素有益于人体健康。森林植物在其生理过程中产生植物杀菌素。不同树种分泌的植物杀菌素不同，对人体健康的益处亦不同。桧柏分泌的杀菌素可杀死肺结核、伤寒、痢疾等病菌，白杨、白皮松等分泌的杀菌素可杀死空气中流动的病毒及结核杆菌（周玉丽 等，2008），森林植物种群繁多，多在森林中行走，可对人体健康产生多方面有益影响。

森林环境对人心理产生积极影响。森林环境主要通过大脑及神经系统影响人的心理反应。绿色的森林环境可在一定程度上减少人体肾上腺素的分泌，降低交感神经兴奋性。舒适宜人的气候可调节神经系统，改善呼吸、循环、消化等系统功能，再加上优于城市环境的声环境、森林植物分泌的芳香化合物、充满野趣的花卉，在森林中休憩有助于稳定人的情绪、缓解压力、消除疲劳，增进心理健康。

森林可产出无污染、高品质的生态食品。森林食品是在优良的森林生态环境下，森林经营者按照有关技术标准生产的无污染、安全、优质的食用类林产品，包括森林蔬菜、森林药材、森林蜜源等。森林食品高营养、无污染、原料珍贵、纯净，医疗保健功效较高，符合现代人的健康需求。除有形的森林食品，森林还产出无形的森林生态产品，其主要表现形式包括涵养水源、保育土壤、固碳制氧、调节环境等（高建中，2007）。生态环境是经济发展的前提条件及人类生存和发展的物质基础，森林生态产品不仅实现了生态环境的可持续发展，对人类身心健康亦产生间接的积极作用（杨国亭 等，2017）。

基于森林对人体健康的积极影响，"森林康养"成为一种国际潮流。"森林康养"在国外被称为"森林医疗"或"森林疗养"，其起源于德国，流行于美国、日本与韩国等发达国家，在国外被誉为世界上没有被人类文明所污染与破坏的最后原生态，也是人类唯一不用人工医疗手段可以进行一定自我康复的"天然医院"。研究发现，人们通过森林徒步运动可以有效提高人体的免疫功能，增强人体的抗癌机能；同时，经常进行森林徒步的人还具有较强的情绪调节能力，更易产生愉悦与快乐的感觉。据有关资料显示，德国在推行"森林康养"项目后，其国家医疗费用总支付减少了30%，即国民健康指数总体上升30%。根据这一国际健康潮流，近年来我国国家林业和草原局就"森林康养"类项目的引进与推广进行了可行性研究，积极与德、日、韩等国开展国际合作，已获得初步进展。现已开展合作的有：中韩合作的北京八达岭森林体验中心、中德共建的甘肃秦州森林体验教育中心及福建旗山国家森林公园、与法国某公司合建的飞跃丛林冒险乐园及陕西省筹建的多处森林体验基地等。四川省林业厅积极运用"森林康养"的理念，在洪雅玉屏山国家森林公园修建森林步道与其他户外拓展设施，就森林医疗与体验互动项目进行先行先试，取得显著的成效。总体上看，虽然发展前景广阔，目前国内"森林康养"项目的规模及产业化程度仍处于起步阶段，其内容仅限于森林徒步、森林娱乐、森林

休闲旅游与医疗试验等，还没有形成相应的产业链与经济效应（孙抱朴，2015），森林康养产业发展还需政府政策引导、民众消费习惯培养等多方努力。

7.1.3　森林康养的主要形式

随着人们对森林资源的进一步利用，森林康养进入公众的视野，成为当今社会一种流行的休闲、健身方式。以森林生态环境为基础，以促进大众健康为目的，森林康养利用森林生态资源、景观资源、食药资源和文化资源，并与医学、养生学有机融合，以开展包括保健养生、康复疗养、健康养老等活动。森林康养是我国林业发展的一种新业态，有利于提升全民健康水平，是"既要绿水青山，也要金山银山"的发展之路，也是实现森林资源永续利用和促进山区农民增收的转型之路（杨国亭 等，2017）。

森林康养的基本形式，按照资源应用形式分类，包括森林环境康养、森林温泉康养、森林饮食康养、森林文化心理康养和森林医学康养等。森林环境康养包括森林氧吧、森林浴、健康步道、森林瑜伽、森林冥想等，能够促进人体新陈代谢，增强人体抵抗力，消除神经紧张和视觉疲劳，适宜有高血压、神经衰弱、失眠、心脏病和呼吸系统疾病的人群。森林温泉康养，以森林活动＋泡温泉为主，可缓解疲劳，促进血液循环和新陈代谢，长期坚持有利于改变皮肤pH值，刺激自律神经、内分泌及免疫系统，适宜有各种皮肤病、关节炎、消化及心血管等疾病的人群。森林饮食康养，以森林环境＋森林食品＋健康食谱为基本途径，合理利用森林中各类资源等配制养生食谱，以增进健康、保健养生，适宜处于亚健康的人群，尤其是"三高"人群。森林文化心理康养，以森林环境＋森林文化＋心理咨询与治理为途径，借助中华传统养生文化，由养气层次过渡、升华至养心层次，适合工作、生活等压力较大、精神紧张的各类人群。森林医学康养，以森林环境＋传统与现代医学为途径，以建立森林医院为形式，通过创新机制与模式，开展森林医疗与养生，如旅游养生、度假养生等，适合有此特别需求的社会中高收入人群（杨国亭 等，2017）。

按照具体内容的不同，森林康养可以按照森林

主导康养、森林运动康养、森林体验康养、森林辅助康养、森林康养科普宣教、健康管理服务等形式进行。森林主导康养是指以森林自身良好的环境和景观为主体,开展以森林生态观光、森林静态康养为主的康养活动,让游客置身于大自然中,感受森林和大自然的魅力,陶冶性情,维持和调节身心健康。具体项目包含森林观光、森林浴、植物精气浴、负氧离子呼吸体验、森林冥想和林间漫步等。森林运动康养是指游客通过在优美的森林环境中,主动地通过肌体的运动,来增强肌体的活力和促进身心健康的康养活动。具体项目包含丛林穿越、森林瑜伽、森林太极、森林CS、定向运动、森林拓展运动、山地自行车、山地马拉松、森林极限运动、森林球类运动等。森林体验康养是指游客通过各种感官感受、认知森林及其环境,回归自然的康养活动。主要包括森林食品体验(康养餐饮、森林采摘)、森林文化体验(森林体验馆、康养文化馆)、回归自然体验(森林探险、森林烧烤)、森林休闲体验(森林露营、森林药浴)、森林住宿体验(森林康养木屋、森林客栈)等。森林辅助康养是指针对亚健康或不健康的游客,依托良好的森林环境,辅以完善的人工康养设施设备,开展的以保健、疗养、康复和养生为主的康养活动。具体项目包含森林康复中心、森林疗养中心、森林颐养中心、森林养生苑等。森林康养科普宣教主要是指对游客开展森林知识、森林康养知识、养生文化和生态文明教育等活动。具体项目包含森林教育基地、森林野外课堂、森林体验馆、森林博物馆、森林康养文化馆、森林康养宣教园和森林课堂等。健康管理服务主要是指为游客开展健康检查、健康咨询、健康档案管理、健康服务的活动。具体项目包含健康检查评估中心、健康管理中心和康养培训学校等(吴后建 等,2018)。

7.1.4 森林康养的发展前景

森林康养的概念已被很多人接受,在国内引起广泛关注,我国森林资源分布广泛,森林康养是我国利用森林资源的新境界,发展森林康养前景广阔。伴随国际森林康养产业发展的大趋势,在当前我国经济转型升级的新常态下,发展森林康养将成为重要

的新的经济增长点。但森林康养毕竟是一个新事物,其商业模式和产业定位既是一个市场问题,又是一个理论问题,对其进行深入研究、探索与合理引导,才能真正构建森林康养产业发展的市场体系,使之成为推动我国大健康产业生态经济可持续发展的重要战略新引擎。发展森林康养,可以优化林业经济结构,增强林区经济发展的内部动力,同时满足人们对生命健康的迫切需求。对于这样一个新业态,可以从下几个方面去研究与探索,构建森林康养产业发展的市场体系,使之成为推动我国大健康产业生态经济可持续发展的重要战略引擎。

①研究借鉴国际森林康养发展体系,探索建立适于我国国情的发展模式。森林康养在国外流行已有较长的时间,积累了一定的成功经验,通过对世界各国"森林医疗""森林疗养"项目的研究,积极借鉴国外先进经验,扬长避短,探索建立符合中国国情的森林康养产业发展新模式。

②积极引导,使森林康养成为人们提高生活质量的首要选择。森林特有的生物资源,能为人们提供特定的疗养体验。目前,森林疗法能有效解决肥胖、高血压、高脂血症等严重的健康问题和一些精神疾病。在众多长期处于亚健康状态的城市居民群体中,森林康养已经受到热烈的欢迎。此外,森林康养具有资源的不可替代性、方式的可持续发展性。在未来,森林康养活动将成为人们提高生活质量的首要选择。

③探索研究森林开发与保护问题。要在保持林场生态系统完整性和稳定性的前提下,合理有效地开发利用森林资源。一方面要使森林资源开发与生态保护相得益彰;另一方面对"森林康养"涉及森林保护和相关产业(其中包括旅游、休闲度假、体育、娱乐、养生养老等产业)的法律法规进行完善与创新。

④探索建立"森林康养"产业新业态、商业新模式,开发适于森林康养规划与设计的新理念与创意。"森林康养"是大健康产业的重要组成部分,其特点是多元组合,涉及文化、历史、地理、生态及多种产业业态。因此在设计与规划方面,需要根据项目特性将以上元素进行有机组合,形成一条业态丰富、相融共生的产业链,不仅产生较好的经济效益与社会

效益，而且带来良好的生态效益。对产业链进行全面评估、规划与定位，建立一套科学的管理与评价体系，以促进森林康养产业的健康有序发展。

⑤与"创新驱动"融合，使森林康养成为低碳经济的发展路径。低碳不单单能缓解环境恶化问题，更演变为现代人的一种生活态度。低碳经济的普及，将人们的目光集中于如何创造一个健康的生活环境上。打造宜居环境，有针对性地开展养生活动，属于低碳生活的一部分。森林康养产业能够将传统旅游与疗养产业、文化产业、运动产业、养老产业等不同产业关联，快速实现集群化、基地化、规模化，培育出多功能的产业联合体。山地、森林作为人类最理想的康养场所，也印证了森林康养的生态意义。这意味着森林康养将成为低碳经济的发展路径，推动低碳与经济生活的有机结合。

人类从森林里出来，最后又回到森林。从历史的角度去看，这是一种文明的进步；从文化的角度去看，它又是人类生命必然的回归。从历史与文化两个角度去研究，必然会更深刻地理解并把握"森林康养"的本质与发展趋势，使之成为人类健康事业一个新的支点。

7.2　木竹结构建筑在森林康养中的应用

木材作为一种天然材料，具有人们珍爱的香、色、质、纹等特征。自古以来，木材广泛应用于建筑、家具等工作和生活环境中。有木材存在的空间会使人们感到舒适和温馨，从而提高工作效率、学习兴趣和生活乐趣，改善人们的生活质量。建筑提供给人们从事生活、学习、工作、休息等各种活动的内部环境，是占据人们生命活动最长时间的场所，满足并影响着人们生理、心理及精神等方面的需要。木竹结构建筑内富含酚多精及负氧离子，可有效清除空气中的细菌，对环境温湿度有显著的调节作用，可增强人体免疫力，对提高记忆力、降低血压、使人心情舒畅等有明显功效，有益于健康，成为健康产业特别是森林康养领域的首要选择。

7.2.1　木竹结构建筑对森林康养的适应性

木竹结构材料源于自然，与钢筋、混凝土等材料相比，其加工利用在能耗、温室气体、空气、生态资源开采方面，具有无以比拟的环保优势（图7-1）。同时，借助于现代木材工业发展，相比于传统的木竹结构建筑，现代木竹结构在防震、抗风、防火性能及空间构造能力方面均得到很大的提升。随着制造技术的进步，木竹结构建筑的构建方式得到了很大的优化，越来越多的木竹结构建筑不仅对材料的材质有了明显且有效的区分，而且对整个建筑的结构也进行了一定的强化，使木竹结构建筑的寿命、使用体验得以极大提升。

现代木竹结构建筑通过各种金属连接件或榫卯手段进行连接和固定，由于构件单元、连接方式不同，木竹结构建筑形成了不同的结构类型，表现出不同的性能特征。以木结构为例，从结构类型上，木结构建筑主要包括传统木结构、轻型木结构等形式。传统木结构建筑基于"构木成架"的框架结构体系，所采用的榫卯连接和斗拱结构不仅抗震性能优越，而且结构和形态精巧美观。轻型木结构主要采用规格材及木质结构板材或石膏板制作的木构架墙体、楼盖和屋盖等系统构成的单层或多层建筑结构，具有建造方便、保温隔热以及材料利用率高等优点，目前在别墅、旅游地产的建设中应用较多。胶合木结构木构件质量均匀、强度高、构件截面尺寸不受限制，因此通常用于大跨度的建筑结构中；外露的结构构件可以展示木材的色泽和纹理，使建筑内外生动漂亮。建筑内空间

图7-1　木结构建筑群——慧心谷

（资料来源：昆仑绿建）

图 7-2 传统木结构建筑

图 7-5 混合式木结构建筑

图 7-3 轻型木结构建筑

图 7-4 胶合木结构建筑

开阔，外露的木材自然纹理，给人以特别的亲和力，令使人产生舒适的空间体验（图 7-2~图 7-5）。

木竹结构房屋具有如下特点：

（1）施工安装方便，建造周期短

现代木竹结构住宅主要结构构件一般采用工厂预制再搬运至现场拼装，可以利用下层楼层平面作为上层结构的施工平台。竹结构房屋一般采用浅埋基础，除了基础采用湿作业，其他都为干作业。另外，建造竹结构房屋施工时间短，且不受雨雪等恶劣天气影响，结构构件可以现场制作，也可以在工厂预制好再搬运至现场安装，施工就像搭积木。

（2）抗震性能好

木竹结构的韧性好，对于瞬间冲击荷载和周期性疲劳破坏有很强的抵抗能力，而且竹结构房屋自重轻，抗震性能好。运用木竹结构的内外墙系统来代替传统的砖或混凝土砌块内外墙，可以大大减轻建筑物的自重，从而起到减小由建筑物自重所产生的地震力的作用。同时，在地震发生建筑物震动摇摆时，减少由于砖石填充墙的坠落造成的人员伤亡。

（3）保温及隔音性能好

木竹材是天然有机高分子聚合体，木竹材内部空腔结构热传导速度慢，比如竹材人造板导热系数为 0.14~0.18 W/（m·K），远低于钢筋混凝土和黏土砖；另外，木竹结构住宅墙体和楼盖的空腔填充有保温棉。因此，木竹结构住宅的保温隔热性能要好于砖混结构或混凝土结构，从而可以降低住宅使用能耗。

（4）造价低廉

木竹结构建筑重量轻，基础要求低，因而木竹结构建筑的基础投资少。独立木竹结构建筑主体建造成本与同户型普通砖混住宅造价基本相当。随着木竹结构建筑的工业化生产，木竹结构建筑的造价还将进一步降低。由于木竹结构建筑中所有管线均布置在墙体或楼板内，且墙体厚度小，因此其有效使用面积较大，木竹结构房屋的得房率要比砖混结构房屋高出8%~10%，单位居住面积成本相对较低。

木竹结构原料可再生、绿色环保、节能保温、防震减灾、设计灵活、施工周期短，其建筑住宅结构形式和空间布局灵活，可以为不同地域的不同人群市场提供多样化选择。木竹结构建筑在北美、日本和北欧等地区的应用十分普遍，如住宅、体育馆、机场、火车站、桥梁、游泳馆、学校建筑、商业建筑、老年建筑、教堂和博物馆等（图7-6）。

我国木竹结构建筑历史悠久，自春秋战国时期起至清朝末期，传统木竹结构建筑一直占有大部分比例。进入近现代后，木竹结构曾与砖结构和混凝土结构混合使用，随后由于木材资源的锐减和城市化进程所带来的土地资源紧张等原因，木竹结构建筑经历了一段时间的停滞期。20世纪90年代起，我国木竹结构建筑领域的研究和应用重新兴起。经过近二三十年的发展，特别是近年来随着装配式木竹结构和多高层木竹结构等方面的国家标准的颁布实施，我国现代木竹结构行业发展进入了快车道，国家已经培养了大批具有木竹结构专业知识的毕业生、科研人员以及企业技术人员。据不完全统计，目前我国从事木竹结构建筑开发、设计、生产、施工和维护等相关企业的数量发展至近3000家，木竹结构建筑保有量达到1200万~1500万 m^2，已经形成了一定规模的木竹结构建筑产业（何敏娟 等，2019），为木竹结构建筑在康养领域的应用提供了一定的基础。

在林区深处所搭建的木竹结构建筑，因为其利用率相对较低，因此仅仅是具备一定的基础性建筑结构特征，有些甚至是以一种"混搭"效果出现的，与其说是一种建筑，不如说是一个"带有密闭性质的棚户"更为精准；在生活区所搭建的木竹结构建筑，考虑到人员的密集程度，在构建的时候除了满足生活必需的密封性基本要求之外，也在防火、防风、防震上进行了一些必要的处理；在生活区之外所搭建的木竹结构建筑，其构建形式较多，有些完全用于休闲，虽然结构形式简单，然而其所选用的木材种类、形式较多，所带来的体验也比较新奇，更有甚者，将木竹结构建筑与森林资源有效地结合在一起，形成"林中屋"或者"屋中林"的特殊建筑效果，呈现出一种人与自然环境和谐共存的别致景观（吴维 等，2019）。

7.2.2 木竹结构建筑在森林康养中发挥的作用

基于木竹结构建筑较为明显的建筑特征及优化林业资源旅游深度开发的目的，对木竹结构建筑进行深度开发，实现人居、木竹结构建筑与森林的和谐相处，以使木竹结构建筑在森林康养上发挥重要作用。

（1）生态文化资源

现代人生活压力大，以钢筋混凝土为主的现代城市建筑易使人产生压迫感，加剧了人们的心理压

山西长治文化创意产业园
（引自：昆仑建筑）

德国木结构教堂

安徽黄山悬崖飞桥
（引自：境道原竹）

图7-6　国内外木竹结构建筑

力。对于长期生活在都市环境中的人而言，"木屋"使人们能够近距离地接触大自然，依托林区开发"木屋休闲游"是一种全新的体验。木材是一种可再生资源，而其可再生的基础在于环境资源的有效巩固。当民众的生态环保意识得到明显提升之后，其对自然环境的向往已经达到了一个临界值，作为旅游业者来说充分地调动起游客的这种主观能动性，借助林区资源的综合利用，特别是借助"木屋"的深度开发来启动"木屋休闲游"项目，可以最大化地满足不同年龄段消费者的旅游需求。而这些木屋资源大多是在之前木屋结构的基础上进行修改扩建，因此对环境资源完全没有破坏。目前几乎所有的林区都在着手对以木屋为主体或者主题的休闲旅游项目进行论证、开发，使木屋资源逐步带动起本地的旅游资源整合（吴维 等，2019）。

要积极发展"森林木屋体验游"。以木屋为重要资源的旅游项目从特色经营上来看，可带来比较丰厚的商业价值，但因为这些木屋的综合化利用明显受到气候条件、时间的影响，其淡旺季的时效性差异特别明显，并不利于木屋资源的全时段开发与利用。因此必须要及时调整经营策略与方向。这些木屋要么依山而建，要么本身就搭建在林区中，与大多数都市人的生活环境存在着明显差别（图7-7~图7-9）。对于年轻人，特别是对于那些个性化比较明显的年轻人而言是极具吸引力的。在木屋休闲旅游方式上，经过进一步优化与调整，允分结合周末的时间因素，设置"森林木屋体验旅游"互动性的活动，可最大化地淡化时间因素对于木屋综合利用的影响，让木屋资源得到更为合理的利用（吴维 等，2019）。

（2）森林养生中心

在深度开发木屋旅游项目的过程中，经营者通过对游客的综合分析发现，最主要的游客消费群体，不仅仅有年轻人，越来越多的中老年人也开始热衷于木屋体验。在商业化经营中这完全是一种极为特殊的表现，因为从目标群体的定位上，年轻消费群体与中老年消费群体的消费目标基本上不会产生交集。在以木屋为主题的旅游项目中，这两个消费群体能够产生交集是因为这两个群体对木屋环境的定位需求在某些角度达成了一致。年轻游客在木屋中获取的是一种新奇感觉，而中老年游客则热衷于在木屋以及整个木竹结构建筑群中体会休闲养生的效果（吴维等，2019）。

积极发展中老年游客定制木屋温泉养生产业。中老年游客是一个比较特殊的群体。由于其在家庭中的特殊地位，一旦调动其主观能动性，所带动的游客群体往往就会以家庭为单位。这样更加有利于全面提升旅游服务产业。从相关数据分析来看，在突出以养生为主题的木屋休闲旅游中，所创造的经济效益规模比较可观，尤其是在很多林区旅游景点中，周边资源等得到了有效开发，温泉等一系列配套设施不仅能够在公共环境下使用，有些也已经被引入到木屋中。基于此，为中老年游客定制的木屋温泉养生产业已经基本实现了资源整合。一般森林木屋的日经营维护成本大约在220~240元之间，对外报价大致是950~1100元/天。通过增加温泉项目可以淡化气候条件等因素所造成的淡旺季差异，节假日还往往会出现"一屋难求"的情况。如果在一个接纳游客能力在2500~3000人的景区中，建造5~10间这样的木屋，即能够产生

图7-7　秋岭公园木亭

图7-8　木质方亭

图7-9　上海园林宾馆

可观的经济效益（吴维 等，2019）。

鼓励发展亲子游游客定制运动及文化养生产业。基于家庭成员对木屋康养的不同需求，景区在亲子游定制服务和文化养生的产业链运行上可以进行深度开发。从资源效应的综合化利用视角上来看，亲子游所消耗的环境资源较少，而其所能够产生的商业附加值却较高。主要是因为景区在进行资源分配时需侧重于环境资源的综合利用，特别是对于木屋这种在小朋友看来充满童趣色彩的建筑结构形式而言，若要使小朋友在其中得到最佳的体感享受，必须结合景区自身的木竹结构建筑优势来开展；从资源效应的单项利用层面上分析，文化养生产业所需要的基础建设较多，尤其在木竹结构建筑搭建初期，需要对木材品质进行细致的遴选，不过这种投入的回报周期较长，有些甚至属于固定资产投入，有利于在森林康养项目中发挥可持续发展效应（吴维 等，2019）。

大力发展年轻群体游客定制中医药及膳食养生产业。将游客目标群体确定之后，顺势而为地发展康养衍生产品是旅游资源深度开发之后的必然表现。林区有极为丰富的生态资源，这些资源中很多具有养生功能，对于有高强度工作压力的年轻人来说，药膳既能够满足饮食需求，又具有养生功效，是极具诱惑力的产品。在木屋中三两好友围坐在一起，品尝地道的原生态、纯天然药膳，本身就是一种愉悦身心的体验（吴维 等，2019）。

森林康养是林业旅游资源综合利用的一个全新方向，也是森林旅游资源整合过程中，传统旅游和林业产业结构进行整合的一个极具拓展性的思路。森林康养抓住游客对于养生休闲的心理需求，综合利用森林资源，尤其是深度开发木竹结构建筑资源，对林区产业结构调整较为有利，便于林区在环境保护和经济发展之间的产业结构平衡与可持续发展综合效应显现（吴维 等，2019）。

7.2.3 木竹结构建筑在生态养老中的需求分析

截至 2020 年底，我国 60 岁及以上老年人口约有 2.55 亿人，约占总人口的 18.2%。伴随着人口老龄化速度不断加快，我国对老年建筑需求越来越大。为了保障老年人的居住质量，首先应明确老年人的居住需求。随着年龄的增长，老年人的身体机能衰退，表现在肌肉、骨骼系统退化，感知系统、神经系统和免疫系统以及对环境适应能力减退等，因此对建筑室内外环境有特定的要求。老年人免疫力下降，对室内污染物和粉尘等耐受度低，宜在相对较绿色、环保、健康的环境中生活。由于身体灵敏度下降、腿脚不够灵活，室内外过渡和衔接等处应充分考虑采用无障碍设计。充足的日照可以增强老年人身体抵抗力、预防部分疾病，因此需注意老年人卧室朝向以保证有充足的自然采光和足够的日照时间。老年人睡眠质量差、易失眠，因此需要合理设置绿化隔离带，并强化建筑墙体和窗户等的密封和隔声性能，同时房间内部隔墙和楼板以及洗手间排水系统等也应采取隔声或降噪措施。为排解老年人的孤独感、寂寞感，应考虑在室内外公共区域设计一些人性化的活动交往空间，满足老年人社交需求（赵丹，2020）。

老年建筑的目标是为老年人提供安全、舒适和优质的生活环境，帮助老年人享受晚年。然而，目前专门针对老年人的老年建筑较少、形式单一、存在较多问题，严重滞后于老年人增长速度，难以满足老年人需求（周燕珉 等，2017）。一般而言，老年人喜欢回归自然、回归生态，喜欢自然环保、"归园田居"的生活环境，愿意在健康舒适、节能环保和自然和谐的绿色建筑中进行生态养老（郭海增 等，2016；刘芳 等，2019）。

7.2.4 木竹结构老年建筑发展展望与政策建议

木竹结构不仅建材绿色环保、建筑形式灵活多样，而且居室健康舒适、节能保温，整体建筑能较好地融入自然风景中，是典型的绿色生态建筑，在老年建筑领域具有良好的发展和应用前景。木竹结构建筑自然环保、绿色健康，可以养生、养身、养心，是老年人退休养老的理想居住建筑类型之一。可以从建筑适老化、绿色智能、文旅康养、标准规范和政策促进等几个方面努力，促进木竹结构老年建筑发展。

（1）建筑适老化设计

为了扩大木竹结构在老年建筑中的应用，首先应该强化和提高木竹结构建筑的适老化程度，使木竹结构建筑满足老人的各方面特殊生理特征，如动作幅度变小、记忆力衰退和辨识度降低等，为老年人提供更多便捷。老年建筑设计以强化对老年人的关怀为出发点，考虑其日常起居、行动及相关配套设施的建设等因素，遵循适应老年人的安全性、无障碍以及人性化等原则，针对性地开展木竹结构适老化建筑设计（焦秀萍，2019；张瑞栋，2019；段培培 等，2017；陈春梅 等，2019）。

木竹结构建筑适老化设计主要包括安全性、便利性和舒适性等几个方面。安全性主要是保证老年人不会受到伤害，比如室内地面要做到无高度差、使用防滑的地面材料，墙体或家具阳台处尽量选择富有弹性或较软的材质。便利性主要是指便于行动和使用，例如开关、门把手、按钮使用大号或易于操作的型号，储存空间的位置便于使用等，家电设备操作简单易懂等。舒适性可以保证身体上和精神上的舒适，首先，房间内要灯光明亮，保证室内通风、采光良好，选用易于清洁的材料，创造健康舒适的居室环境；其次，建筑布局和装修要符合老年人的生活习惯和审美追求，营造让人放松、舒适的温馨生活氛围，建筑外周可以设置小广场等景观场地，为老年人提供休闲、交流的空间（赵丹，2020）。

（2）老年建筑绿色智能化

为保证老年人生活舒适便捷，木竹结构老年建筑应该注重绿色智能化设计的应用。绿色智能建筑是指利用高科技手段和现代信息技术所创造的可持续生态建筑，采用智能化技术，有效利用可用资源，创造健康、节能、方便的居住环境。从全生命周期来看，木材是一种对环境不产生负担的碳中和材料，所建造的生态木屋可以达到被动式超低能耗的绿色建筑标准。根据不同的木竹结构建筑类型，可以选择性使用太阳能热水器、智能分散式新风系统、木颗粒燃料供暖设备以及屋面立体绿化系统等绿色建筑技术来建设生态养老木屋。采用 BIM 等新型建筑技术

进行木竹结构老年建筑的设计、生产和建造，提升施工速度和建筑质量。此外，从建材角度看，木质工程材料具有结构均匀、轻质高强、尺寸灵活以及性能稳定等优点。建议进一步加大 CLT、LVL、PSL 和 LSL等新型工程木制材料在生态养老木竹结构建筑中的应用（赵丹，2020）。

在木竹结构养老建筑上应用先进的计算机技术、网络通信技术、综合布线和大数据技术等，将自动求助系统、常态健康监控、太阳能热水、新风换气、中央空调、干式地暖、LED 照明等智能应用技术与建筑设备和信息家电相集成起来（刘蕊，2019；杨芳，2019），创造集系统、服务、管理为一体的高效、舒适、安全、便利、环保的居住环境，可以大大提高老年人居家生活的便捷性和养老生活质量。特别是利用智能化建筑的感知、传输、反馈和决策等综合智慧能力，实时监测老年人日常生活状态，并在突发意外情况时及时进行智能求助，为居家老人提供更加有安全保障的养老生活（赵丹，2020）。

（3）老年建筑文旅康养

文旅康养作为一种社会新趋势，与文化体验、健康旅游和养生休闲等交叉融合，满足了人们对身心健康的全方位需求，深受各年龄层，包括老年人在内的人们关注。在森林康养等项目中，环保、绿色、可持续的木竹结构建筑，给人们营造自然、温暖、舒适、健康的休闲体验，符合文旅康养产业发展的趋势。木竹结构老年建筑是发展文旅康养行业良好的载体，充分体现出木竹结构建筑回归自然、休闲体验性、绿色环保的健康养生功能特点。应该从木竹结构选址、规划以及功能设置等方面进一步强化其与文旅康养行业的结合（赵丹，2020）。

为了与文旅康养项目结合，木竹结构养老建筑选址时可以尽量选择在自然环境优美、人文底蕴深厚的区域，还要考虑生态环境、空气质量是否良好，交通是否便利，周边环境是否安全，配套设施是否完善等问题。木竹结构老年建筑文旅康养重点突出养心休闲、康体养生和文化旅游，使老年人身体健康、心情愉快，体会到"生有所养、老有所乐"。同时，要注重木竹结构建筑的人文气氛营造，通过历史文化凝

练、人文景观塑造等来营造具有良好文化气息的养老建筑，将木竹结构老年建筑打造成花园式住宅，有条件的还可以考虑按照木竹结构康养小镇来进行规划建设（赵丹，2020）。

木竹结构养老建筑不仅是提供基本的居住场所，而且还应该具有对老年人康养照护的功能，比如营养配餐、日常身体状况的监测、慢性病治疗与调养、失能老人照护、心理慰藉以及文化教育娱乐等服务。建议建筑开发商联合医疗、家政等机构开发一些适合老年人养老的配套服务，比如日常照护、家政服务、紧急救援、安全预警系统、养老护理等项目，以满足老年人的全面养老需求。还要考虑老年建筑群体的组合分布、公共建筑、住宅布局、空间环境以及景观绿地等的相互联系，强化康养功能，构成一个完善的木竹结构绿色生态养老系统（赵丹，2020）。

（4）老年建筑标准规范与政策建议

生态养老木竹结构建筑的设计与应用可以打破城市中钢筋水泥建筑带来的牢笼感，为老年人营造自然舒适、绿色健康的养老环境。为了促进木竹结构老年建筑行业发展，应从标准规范和产业政策两个方面努力。根据木竹结构、养老和老年建筑等领域现有的相关国内外标准，结合中国不同地域、不同气候变化和不同生活习惯等因素，逐步建立起木竹结构老年建筑材料、构件、设计、施工、验收、维护、标识等相关环节标准规范体系，并加强标准体系的完善、修订、贯彻及执行工作，同时加快建立和完善木竹结构老年建筑及建筑工程材料质量认证体系，从而促进和引导我国生态养老木竹结构建筑的标准化、规范化发展

（孙化伟，2017；王锋，2017；邵志刚，2017；陈曦，2016；郭全民 等，2014；刘青林，2013）。

结合美丽中国建设等国家重大需求，将现代生态养老木竹结构建筑产业化发展纳入国家建筑及养老等行业发展规划，积极完善产业促进政策。统筹推进全国生态养老木竹结构建筑产业化工作，与装配式建筑、绿色建筑协同融合发展，制定有关促进木竹结构养老建筑的土地、财政、金融、税收等优惠政策，以促进生态养老型木竹结构产业的快速健康发展，从而为老年人提供良好的养老建筑类型，这对于开发建设具有社会化养老性质的新型老年住宅和解决社会养老问题等都有重要的促进作用（赵丹，2020）。

木材是自然生长、可持续发展的绿色建材，所建造的木竹结构住宅具有节能、环保、低碳和健康舒适等特点。在我国大力推进绿色发展和生态养老的背景下，发展生态养老型木竹结构建筑不仅有利于推动绿色建筑发展和促进建筑业转型升级，减少建筑业垃圾、改善环境，而且可以为国家养老事业提供更多的产品和服务供给。同时，大力发展现代木竹结构建筑，有助于节约资源，促进建筑产业转型升级。木竹结构建筑特色鲜明，有望在国家森林城市建设中发挥巨大作用。随着"美丽中国""健康中国""碳中和、碳达峰"等战略的全面实施，生态文明制度的不断完善，绿色环保理念的有效宣传，我国现代木竹结构建筑也将蓬勃发展。应加大木竹结构建筑在森林康养中所占比重，将美观实用又富含文化特色的木竹结构建筑应用到城市生态景观中，使自然环境与人居环境和谐统一。

参考文献

布朗（美），德凯（美），常志刚，等，2008. 太阳辐射·风·自然光：建筑设汗策略 [M]. 北京：中国建筑工业出版社.

蔡良瑞，2007. 现代化木建筑 [D]. 北京：中央美术学院.

曹丽莎，沈和定，徐伟涛，等，2003. 现代木结构建筑对环境和气候的影响 [J]. 林产工业，2020，57（8）：5-8.

曹伟，2001. 建筑材料的可持续发展及其实例分析 [J]. 中外建筑，（2）：25-27.

曾署才，苏志尧，陈北光，2006. 我国森林空气负氧离子研究进展 [J]. 南京林业大学学报（自然科学版），30（5）：107-111.

曾曦，2006. 现代展示博览会中的观众行为研究 [D]. 武汉：武汉理工大学.

陈步尚，张春梅，2007. 建筑日照间距在规划设计中的应用 [J]. 辽宁工程技术大学学报，26（1）：37-39.

陈春超，2016. 古建筑木结构整体力学性能分析和安全性评价 [D]. 南京：东南大学.

陈春梅，朱圆梦，张静，等，2019. 浅析中国适老化居住建筑的发展 [J]. 现代物业（中旬刊），（1）：31.

陈恩灵，费本华，王晓欢，2008. 我国现代木结构建筑研究现状 [J]. 林产工业，35（4）：8-12.

陈国，佘立永，2009. 装配式竹结构房屋的设计与研究 [J]. 工业建筑，39.

陈曦，2016. 试论"香山帮"营造技艺在当代建筑遗产保护中的适应性发展 [J]. 古建园林技术，（2）：72-76.

陈潇俐，2006. 红木类木材表面特性的研究 [D]. 南京：南京林业大学.

陈绪和，王正，2005. 竹胶合梁制造及在建筑中的应用 [J]. 世界竹藤通讯，3（3）：18-20.

陈载永，庄纯合，王姿玫，等，1996. 木质壁板隔音性之研究（一）——声音透过损失之测定与分析 [J]. 林产工业（台湾），14（1）：1-12.

程卓，龚蒙，2020. 木结构建筑与健康生活环境 [J]. 国际木业，50（3）：8-13.

丛大鸣，2009. 节能生态技术在建筑中的应用及实例分析 [M]. 济南：山东大学出版社：35-36.

单炜，李玉顺，2008. 竹材在建筑结构中的应用前景分析 [J]. 森林工程，24（2）：62-65.

董君伟，于海鹏，刘一星，2005. 木材纹理物理量的分析与定义 [C]// 中国林学会木材科学分会第十次学术研讨会论文集，275-279.

董玉香，魏龙亚，2011. 木结构建筑的人性化设计 [J]. 中国建筑装饰装修，（7）：124-127.

杜晓坤，王璟珺，2016. 中国木架构建筑的构成 [J]. 赤峰学院学报（自然科学版），32（18）：110-111.

段培培，武云芬，刘春花，2017. 老年公寓规划与建筑设计思考 [J]. 建材与装饰，（42）：60-61.

范露元，2016. 基于环境行为学的城市商业中心区公共空间设计研究 [D]. 雅安：四川农业大学.

费本华，刘雁，2011. 木结构建筑学 [M]. 北京：中国林业出版社.

费本华，王戈，任海青，等，2002. 我国发展木结构房屋的前景分析 [J]. 木材工业，（5）：6-9.

费本华，周海宾，2009. 轻型木结构住宅建造技术 [M]. 北京：中国建筑工业出版社.

高建中，2007. 论森林生态产品——基于产品概念的森林生态环境作用 [J]. 中国林业经济，（82）：17-19.

辜夕容，邓雪梅，刘颖旎，等，2016. 竹废弃物的资源化利用研究进展 [J]. 农业工程学报，32（1）：236-242.

顾道金，朱颖心，谷立静，2006. 中国建筑环境影响的生命周期评价 [J]. 清华大学学报：自然科学版，46（12）：1953-1956.

郭海增，邢万明，潘献涛，2016. 生态养老的现状分析 [J]. 当代经济，（25）：104-105.

郭全民，刘学，熊威，2014. 新中式建筑风格的探索与实践 [J]. 北京建筑大学学报，（3）：14-19，25.

郭星，王小平，吴通，等，2014. 基于消费者感性需求的产品材质意象评价方法 [J]. 现代制造工程，（1）：29-32.

郝际平，寇跃峰，田黎敏，等，2018. 基于竹材含水率的喷涂多功能环保材料：原竹黏结界面抗滑移性能试验研究 [J]. 建筑结构学报，39（7）：154-161.

何敏娟，何桂荣，梁峰，等，2019. 中国木结构近 20 年发展历程 [J]. 建筑结构，49（19）：83-90.

侯亚楠，朱春，杨思佳，2013. 建筑绿化与绿色建筑 [J]. 绿色建筑，5（1）：27-29.

胡芳芳，王元丰，2011. 中国绿色住宅评价标准和英国可持续住宅标准的比较 [J]. 建筑科学，27（2）：8-13.

黄水珍，王娟媚，颜大智，等，2019. 装配式建筑节能评价指标的构建分析 [J]. 住宅建筑，（7）：7.

季正嵘，赵月，2006. "竹构"实验建筑与景观：从博览会建筑与景观看竹材料的设计应用 [J]. 世界竹藤通讯，（1）：8-12.

加拿大木业协会，2006. 中国木结构建筑与其他结构建筑能耗和环境影响比较的研究报告 [R].

加拿大木业协会，2008. 轻型木结构住宅与砖混复合保温墙体结构住宅建筑节能及空调供暖系统检测与对比研究报告 [R].

加拿大木业协会，2009. 多层多户轻型木结构建筑与其他结构建筑全寿命周期能耗和环境影响的研究报告 [R].

贾景，2011. 消费文化观念量表开发研究 [D]. 兰州：兰州大学.

蒋泽军，王丽芳，高宏宾，2004. 模糊数学教程 [M]. 北京：国防工业出版社：1-265.

焦秀萍，2019. 关于老年住宅建筑设计中的社会心理行为思考 [J]. 建材与装饰，（24）：95-96.

蓝茜，张海燕，2020. 近现代中国木结构建筑的发展与展望 [J]. 智能建筑与智慧，（1）：44-47.

李洪兴，汪培庄，1994. 模糊数学 [M]. 北京：国防工业出版社：102-139.

李坚，1991. 木材科学新篇 [M]. 哈尔滨：东北林业大学出版社.

李坚，1994. 木材科学 [M]. 哈尔滨：东北林业大学出版社.

李坚，董玉库，刘一星，1991. 木材、人类与环境 [J]. 家具，（5）：15-16.

李坚，王松永，1997. 家具与环境 [J]. 东北林业大学学报，（6）：44-48.

李坚，赵荣军，2002. 木材：环境与人类 [M]. 哈尔滨：东北林业大学出版社.

李京，杨旭，2006. 住宅室内人居生态环境质量评价指标体系研究 [J]. 住宅科技，（12）：33-38.

李凯夫，2020. 论木材对室内居住环境的影响（四）：木材的生物体调节特性 [EB/OL]. https://www.328f.cn/news/news.aspx?id=43248

李念平，2010. 建筑环境学 [M]. 北京：化学工业出版社.

李启明，欧晓星，2010. 低碳建筑概念及其发展分析 [J]. 建筑经济，（2）：41-43.

李彤，2016. 基于太阳辐射的建筑形体生成研究 [D]. 南京：南京大学.

李先庭，江亿，1998. 用计算流体动力学方法求解通风房间的空气年龄 [J]. 清华大学学报（自然科学版），（5）：30-33.

李先庭，王欣，李晓锋，等，2001. 用示踪气体方法研究通风房间的空气龄 [J]. 暖通空调，（4）：79-81.

李先庭，杨建荣，王欣，2000. 室内空气品质研究现状与发展 [J]. 暖通空调，（3）：36-40.

梁恩虎，2010. 轻型木结构房屋的材料及其性能 [J]. 山西建筑，（12）：68-70.

林佳琳，刘恒，王斌，2020. 夏热冬暖地区既有建筑遮阳措施对比分析 [J]. 城市住宅，27（2）：54-57.

刘璀，2006. 绿色生态住宅小区环境性能评价及应用 [D]. 秦皇岛：燕山大学.

刘芳，王梦迪，刘婷婷，等，2019. 生态养老产业与乡村振兴融合发展综述 [J]. 中国市场，（32）：17-20.

刘可为，许清风，王戈，等，2019. 中国现代竹建筑 [M]. 北京：中国建筑工业出版社.

刘青林，2013. 新中式住宅建筑设计 [J]. 中华民居（下旬刊），（9）：99-100.

刘蕊，2019. 智能家居养老系统现状浅析 [J]. 低碳世界，（1）：271-272.

刘一星，李坚，徐子才，等，1995. 我国 110 个树种木材表面视觉物理量的综合统计分析 [J]. 林业科学，（4）：353-359.

刘一星，于海鹏，张显权，2003. 木质环境的科学评价 [J]. 华中农业大学学报，22（5）：499-504.

柳菁，张家亮，郭军，等，2013. 现代竹结构建筑的发展现状 [J]. 森林工程，29（5）：126-130，134.

罗金洪，赵广杰，曹金珍，1998. 木质室内装饰材料对环境湿度的调节功能 [J]. 林业科学，34（5）：103-111.

吕清芳，魏洋，张齐生，等，2008. 新型抗震竹质工程材料安居示范房及关键技术 [J]. 特种结构，25（4）：6-10.

吕玉奎，王玲，吕玉素，等，2015. 麻竹废弃物循环利用关键技术研究 [J]. 世界竹藤通讯，13（1）：1-5.

马淳靖，2005. 现代住宅外围护结构设计研究 [D]. 南京：东南大学.

毛菁菁，吴智慧，2020. 木纹视觉物理量研究进展 [J]. 家具，41（4）：1-5，30.

倪文融，2015. 人的行为模式对小户型居室室内设计影响的研究 [D]. 长春：长春工业大学.

邱肇荣，王举伟，1998. 木材与室内环境特性的研究 [J]. 吉林林学院学报，（3）：51-54.

任海青，周海宾，2008. 木结构住宅常见性能检测和评估 [M]. 北京：中国建筑出版社：29-30.

沙晓东，2004. 木结构建筑的生态思考 [J]. 建筑论坛与建筑设计，24（3）：28-29.

邵志刚，2017. 大式建筑钢木组合斗栱节点施工研究与应用 [J]. 建筑施工，（5）：634-636.

申志强，2007. 建筑绿化的技术研究 [D]. 天津：河北工业大学.

沈晋明，1995. 室内污染物与空气品质评价 [J]. 通风除尘，（4）：10-13.

沈晋明，1997. 室内空气品质的评价 [J]. 暖通空调，27（4）：22-25.

宋莎莎，2011. 木材细胞堆砌构造图案的分形表征与情感表达 [D]. 北京：北京林业大学.

宋莎莎，费本华，王晓欢，2013. 木结构住宅人居环境的综合性能评价 [J]. 四川建筑科学研究，39（1）：31-34.

宋莎莎，杨峰，王雪花，等，2015. 木结构住宅居适环境的模糊综合评价 [J]. 建筑技术，46（5）：463-466.

孙抱朴，2015. 森林康养：大健康产业的新业态 [J]. 经济，（10）：82-83.

孙海燕，2006. 绿色·环保·高效节能：加拿大木业协会质量技术总监 Greg Hoing 谈木结构建筑优势 [J]. 建设科技，（17）：53.

孙洪亮，2007. 轻型木结构住宅的性能研究 [J]. 天津建设科技，（3）：33-36.

孙化伟，2017. 关于新中式风格建筑院子的施工技术 [J]. 福建建材，（12）：70-72.

孙凌云，孙守迁，许佳颖，2009. 产品材料质感意象模型的建立及其应用 [J]. 浙江大学学报（工学版），43（2）：283-289.

孙启祥，2001. 从生命周期角度评估木材的环境友好性 [J]. 安徽农业大学学报，28（2）：170-175.

孙启祥，张齐生，彭镇华，2001. 木质环境学的研究进展与趋势 [J]. 世界林业研究，（4）14：25-31.

田蕾，2002. 建筑环境性能综合评价体系研究 [M]. 南京：东南大学出版社.

田黎敏，郝际平，寇跃峰，等，2018. 原竹—保温材料界面黏结滑移性能试验研究 [J]. 建筑材料学报，21（1）：65-70.

汪奎宏，李琴，高小辉，2000. 竹类资源利用现状及深度开发 [J]. 竹子研究汇刊，19（4）：72-75.

王东淳，2008. 房屋日照间距与提高住宅建筑密度 [J]. 科技信息（学术研究），（13）：201-202.

王锋，2017. 混凝土结构与木结构仿古建筑的对比 [J]. 门窗，（11）：219-220.

王静，2006. 城市住区中住宅环境评估体系指导作用研究 [D]. 北京：清华大学.

王晓欢，2011. 木框架墙体热工性能研究 [D]. 北京：中国林业科学研究院.

王晓欢，费本华，赵荣军，等，2008. 木结构建筑节能发展与研究现状 [J]. 建筑节能，205（36）：24-28.

王晓欢，费本华，周海滨，等，2010. 国产轻型木结构墙体的稳态热量传递性质 [J]. 土木建筑与环境工程，32（4）：76-79.

王玉岚，2010. 抗震节能环保木结构建筑的回归应用研究 [J]. 四川建筑，30（5）：118-120.

韦妙，2012. 体验经济时代下城市商业综合体内街空间研究 [D]. 北京：北京建筑工程学院.

魏洋，吕清芳，张齐生，等，2009. 现代竹结构抗震安居房的设计与施工 [J]. 施工技术，38（11）：52-54.

文远高，连之伟，2009. 基于结构模型的室内空气品质系统分析 [J]. 住宅科技，（3）：32-35.

吴后建，但新球，刘世好，等，2018. 森林康养：概念内涵、产品类型和发展路径 [J]. 生态学杂志，37（07）：2159-2169.

吴近桃，2003. 人的行为模式与室内空间设计 [J]. 金陵职业大学学报，（1）：61-64.

吴硕贤，2009. 重视发展现代建筑技术科学 [J]. 建筑学报，（3）：1-3.

吴维，章玮，2019. 木结构建筑在森林康养中的应用研究 [J]. 林产工业，56（12）：93-95.

吴英子，2019. 关于住宅建筑日照设计的分析 [J]. 现代物业（中旬刊），（7）：95.

西安建筑科技大学. 一种基于原竹骨架的楼板 中国：201510507728.8[P].2018-01-16.

西安建筑科技大学. 一种墙体立柱与楼板骨架的连接节点 中国：201410030213.9[P].2018-02-01.

西安建筑科技大学. 原竹骨架梁柱装配式节点 中国：201720917888.4[P].2018-02-06.

谢浩，2004. 住宅日照条件的改善 [J]. 室内设计（3）：31-34.

谢雪宇，2014. 基于空气负氧离子资源的森林公园保健养生项目规划研究 [D]. 长沙：中南林业科技大学.

胥玲，2015. 对森林医学认识的探究 [J]. 北京农业，（22）：126.

徐家兴，2010. 建筑立面垂直绿化设计手法初探 [D]. 重庆：重庆大学.

王颖，2021. 寒冷地区高层办公建筑外遮阳性能优化设计研究：以西安地区为例 [D]. 西安：西安建筑科技大学.

徐小林，李百战，2005. 室内热环境对人体热舒适的影响 [J]. 重庆大学学报（自然科学版），（4）：102-105.

严萍，盛鹤松，2006. 浅析日照与住宅规划之间的关系 [J]. 沙洲职业工学院学报，9（3）：36-38.

严彦，费本华，2020. 圆竹材构件在建筑中的应用 [J]. 安徽农业大学报，47（2）：146-151.

杨芳，2019. 智慧养老发展的创新逻辑与实践路向 [J]. 行政论坛，（6）：133-138.

杨国亭，李玉宝，韩笑，2017. 论森林与人类健康 [J]. 防护林科技，（6）：1-3，9.

杨向群，2012. 零能耗太阳能住宅原型设计与技术策略研究 [D]. 天津：天津大学.

杨志华，2005. 住宅整体健康性的评价方法 [J]. 四川建筑科学研究，31（6）：170-173.

易欣，于伸，2012. 试论现代木结构建筑的低碳环保性能 [J]. 天津城市建设学院学报，18（2）：77-80，86.

于海鹏，刘一星，刘迎涛，2003. 国内外木质环境学的研究概述 [J]. 世界林业研究，16（6）：20-26.

于海鹏，刘一星，刘镇波，2003. 应用心理生理学方法研究木质环境对人体的影响 [J]. 东北林业大学学报，（6）：70-72.

于海鹏，刘一星，刘镇波，等，2004. 基于改进的视觉物理量预测木材的环境学品质 [J]. 东北林业大学学报，32（6）：39-41.

于洪伟，丁元宝，2011. 建筑日照分析 [J]. 建筑科学，（3）：287.

袁博成，余小鸣，2009. 基于健康的住宅建筑日照研究 [A]. 国外医学（卫生学分册），36（1）：23-26.

张宏建，费本华，2013. 木结构建筑材料学 [M]. 北京：中国林业出版社.

张玲，2006. 城市基础设施建设与区域经济发展研究 [D]. 大连：东北财经大学.

张瑞栋，2019. 适老化理念的养老建筑空间设计 [J]. 建筑技术开发，46（2）：20-21.

张宇，裴陆杰，2013. 围护绿化对木结构建筑隔热、保温性能的影响 [J]. 建筑节能，41（5）：48-53.

赵丹，2020. 生态养老背景下木结构建筑发展探析 [J]. 林产工业，57（4）：58-61.

赵广杰，1992. 日本林产学界的木质环境科学研究 [J]. 世界林业研究，（4）：53-57.

赵广杰，1999. 木材构造和生体节律的 1/f 型涨落谱 [J]. 木材工业，11（6）：22-25.

赵鸿佐，赵玮，1996. 通风换气的新概念与方法 [J]. 通风除尘，（2）：20-24.

赵仁杰，喻云水，2002. 竹材人造板工艺学 [M]. 北京：中国林业出版社.

赵荣军，李坚，刘一星，等，2000. 木材对生物体调节特性的研究（Ⅰ）：冬季条件下不同内装环境对小白鼠生长影响 [J]. 东北林业大学学报，28（4）：72-74.

赵树梅，2020. 基于人眼视觉特性的红外图像增强算法研究 [D]. 哈尔滨：哈尔滨理工大学.

赵勇，2007. 现代木结构住宅墙体热物理性能研究 [D]. 北京：中国林业科学研究院 .

中尾哲也，中尾宽子，董玉库，1996. 关于住宅居住舒适性的调查研究 [J]. 室内设计与装修，（1）：48-51.

周海滨，费本华，任海青，2005. 中国木结构建筑的发展历程 [J]. 山西建筑，31（21）：10-11.

周晓燕，华毓坤，1998. 国内外室内木质环境的研究现状及发展趋势 [J]. 世界林业研究，6（3）：34-40.

周燕珉，秦岭，2017. 我国老年建筑的发展历程、现存问题和趋势展望 [J]. 新建筑，（1）：9-13.

周玉丽，任士福，2008. 谈森林环境对人类健康的影响 [M]// 河北省环境科学学会. 环境与健康：河北省环境科学学会环境与健康论坛暨 2008 年学术年会论文集. 石家庄：河北科学技术出版社 .

朱建新，盛素玲，2005. 浅谈竹结构建筑的生态性 [J]. 建筑科学，21（4）：92-94.

朱颖心，2010. 建筑环境学 [M]. 北京：中国建筑工业出版社 .

邹国荣，马立，2005. 室内空气品质的影响因素及其改善措施 [J]. 制冷与空调（四川），（1）：71-74.

池田耕一，1997. 室内環境たついて―新しいタイプの室内空気汚染問題 [J]. 木材工业，52（4）：184-187.

宫崎良文，1998. 感性たえゐ的木材その生理学評価と主観評価たついて Ⅱ [J]. 木材工业，53（1）：2-6.

末吉修三，1993. 木造住宅の遮音性能 [J]. 木材工业，48（8）：356-362.

末吉修三，宫崎良文，1995. 木造住宅内におけるタッピンクマシンによる " 量床衡声音に # する生理的および心理的問答 [J]. 日本木材学会，41（3）：293-300.

牧福美，青木務，2006. 各種居住空間における湿度の変化 [J]. 木材学会志，52（1）：37-43.

牧福美，則元京，山田正，1981. 内装材料の湿度調節（第 7 报）[J]. 木材学会志，36（12）：823-828.

山田正，1987. 木质環境の科血 [M]. 日本：海青社 .

山田正，等，1990. 住まいと木材 [M]. 京都：海青社 .

武者利光，1980. ゆらぎの世界――自然界中の 1 /f ゆらぎの不思议 . 讲谈社，129.

細田クーン . Bamboo reinforced concrete [M]. Tokyo：Religious Society College，1942：22-25.

有马孝礼，等，1989. 床の材質評価のためのマウスの繁殖と運動 [J]. 木材の科学と利用技術（3. 居住性）：319-330.

增田稔，1985. 木材のイメ Å ジに与える色彩および光 ┊ 尺の影响 [J]. 材料，34（383）：972.

增田稔，1992. 木材の視覚特性とイメ Å ツ [J]. 木材学会，38（12）：1075-1081.

长谷伸茂，等，1988. 制振材料を用いた复合木质床板の振動特性と床冲击音の遮音等级 [J]. 木材学会志，34（6）：500-507.

仲村匡司，增田稔，1990. 壁面パネルのグループが心理的イメージに与える影响（第 1 报）グループ間隔の影响 [J]. 木材学会志，36（11）：930.

仲村匡司，增田稔，1995. まさ目パターンの浓淡むらの視覚特性 [J]. 木材学会志，41（3）：301.

佐藤宏，恒次祐子，宫崎良文，2000. 木材率の异なる室内空間が生体に及ぼす影响（Ⅱ）血压ならびに脑血液动态を指標として [J]. 第 50 回日本木材学会大会研究発表要旨集：186.

ACKS K，2006. A Framework for Cost-Benefit Analysis of Green Roofs：Initial Estimates[R]. Columbia University Centre for Climate Systems Research.

TAKHASHI A，1987. The charateristics of impact sounds in wood-floor systems[J]. Mokuzai Gakkaishi，33（12）：941-949.

HEDGE A，1996. Predicting sick building syndrome at the individual and aggregate levels[J]. Environment International，（1）：3-19.

ARMSTRONG B K，KRICKER A，2001. The epidemiology of UVinduced skin cancer[J]. Photochem Photobiol B，63：8-18.

BROMAN N，2001. Aesthetic properties in knotty wood surfaces and their connection with people's preferences[J]. Journal of Wood Science，47（3）：192-198.

BROMAN N, 1995. Visual impressions of features in scots pine wood surfaces : a qualitative study[J]. Forest Products Journal, 45（3）: 61-66.

CARLL C, TEN W A, 1996. Accuracy of wood resistance sensors for measurement of humidity[J]. Journal of Testing and Evaluation, 24（3）: 154-160.

CHEN X Y, XIANG Sh L, TAO T, 2011. Wood environment science and research on Human living environmental protection[J]. E Business and E Government（ICCE）2011 Internation Conference on, 6 : 1-4.

DAISEY J M, ANGELL W J, APTE M G, 2003. Indoor air quality, ventilation and health symptoms in schools : an analysis of existing informatio[J]. Indoor Air, 13（1）: 53-64.

FENG C, MENG Q L, ZHANG Y F, 2010. Theoretical and experimental analysis of the energy balance of extensive green roofs[J]. Energy and Buildings, 42（6）: 959-965.

FIGUEIRO M G, REA M S, BULLOUGH J D, 2006. Circadianeffectiveness of two polychromatic lights in suppressinghuman nocturnal melatonin[J]. Neurosci Lett, 406 : 293-297.

FOSTER M, ORESZCZYN T, 2001. Occupant control of passive systems : the use of V enetian blinds[J]. Building and Environment, 36 : 149-155.

GARCIA J P, LIPPKE B, COMMICK J, et al., 2005. An Assessment of Carbon Pools, Storageand Wood Products Market Substitution Using Life-Cycle Analysis Results[J]. Wood and Fiber Science, 37（Special Issue）: 140-148.

GETTER K, 2009. Extensive Green Roof : Carbon Sequestration potential and Species Evaluation[D]. Horticulture Department of Michigan State University.

GLASS S V, TEN W A, 2007. Review of in-service moisture and temperature conditions in wood-frame Buildings[C]. General Technical Report FPL-GTR-174.Madison, WI : U.S. Department of Agriculture, Forest Service, Forest Products Laboratory.

DING K, 2008. Sustainable construction-The role of environmental assessment tools[J]. Journal of Environmental Management, 88（3）: 451-464.

GUTMAN R, GLAZER N, 2009. Poeple and buildings [M]. New Jersey : Transaction Publishers.

ITO J, NAKAMURA M, MASUDA M, 2006. The influence of colors on the psychological image of the wooden interior : application of the image analysis in consideration of the accent color[J]. Journal of the Society of Materials Science, 55（4）: 373-377.

JONSSON O, LINDBERG S, ROOS A, et al., 2008. Consumer Perceptions and Preferences on Solid Wood, Wood-Based Panels, and Composites : A Repertory Grid Study[J]. Wood and fiber science, 40（4）: 663-678.

JUNITI T, 1939. On the bending test of concrete beam reinforced with bamboo[J]. Institute of Architecture Papers, 13 : 184-193.

KHALED A, AL-SALLA L, 1996. Solar access/shading andbuilding from : geometrical study of the traditional housingcluster in Sana' a[M]. Republic of Yemen : Department of Architecture Sana' a.

KIMA G, KIN J T, 2003. Projecting performance of reintroduceddirect sunlight based on the local meteorological features[J]. Solar Energy Materials & amp ; Solar Cells,（85）: 80-94.

LESLIE R P, 2003. Capturing the daylight dividend in buildings : why and how[J]. Building Environ, 38 : 381-385.

LI D H W, LAM J C, LAU C C S, et al., 2004. Lighting andenergy performance of solar film coating in air-conditionedcellular offices[J]. Renewable Energy,（29）: 921-937.

LI Y, SHAN W, LIU R, 2007. Experimental study on mechanical behavior of bamboo-steel composite floor slabs[C]//Proceeding of the International Conference on Modern Bamboo Structures. 275-284.

LIU K，MINOR J，2005. Performance evaluation of an extensive green roof[M]. Washington D C：Greening Rooftops for Sustainable Communities.

SANDBERG M，SJÖBERG M，1983. The use of moments for assessing air quality in ventilated rooms[J]. Building and Environment，18（4）：181-197.

SANDBERG M，1983. Ventilation efficiency as a guide to design[J]. ASHRAE Trans，89（2B）：455-479.

MILLS G，1997. The radiative effects of building groups on singlestructures[J]. Energy Buildings，5（25）：1-61.

MITHRARATNE N，VALE B，2003. Life cycle analysis model for New Zealand houses[J]. Building and Environment，39（4）：483-492.

NAKAMURA M，MASUDA M，Imamichi K，1996. Description of visual characteristics of wood influencing some psychological images[J]. Mokuzai Gakkaishi（Journal of the Japan Wood Research Society），42（12）：1177-1187.

NAKAMURA M，MASUDA M，2004. Effect of form and amount of wood- members in interior space on psychological images[J]. Mokuzai Gakkaishi，50（6）：376-383.

PUETTMANN M E，WILSON J B，2005. Life-cycle Analysis of Wood Products：Cradle-to-gate Lci of Residential Wood Building Materials[J]. Wood and Fiber Science，37（Special Issue）：18-29.

RICE J，KOZAK R A，MEITNER M J，et al.，2006. Appearance wood products and psychological well-being[J]. Wood and Fiber Science，38（4）：644-659.

ROSE W B，FRANCISCO P W，2004. Field Evaluation of the Moisture Balance Technique to Characterize Indoor Wetness[J]. ASHRAE Report，Illinois：28.

S Y W，CHIH L C，1996. The Conditioning Effect of Wooden Interior Finish on Room Temp erature and Relative Humidity in Taiwan[J]. Journal of Wood Science，42（1）：16-24.

SAILOR D J，2008. A green roof model for building energy simulation programs. Energy and Buildings[J]. 40（8）：1466-1478.

SAKURAGAWA S，MIVAZAKI Y，KANEKO T，et al.，2005. Influence of wood wall panels on physiological and psychological reponses[J]. Journal of Wood Science，51（2）：136-140.

RAINTIN S，ALLWOOD B J，崔卯昕，2014. 居住的必要需求：源自澳大利亚北部的设计理念 [J]. 建筑技术，45（5）：466-470.

MURAKAMI S，IWAMURA K，IKAGA T，et al.，2002. Comprehensive Assessment System for Building Environmental Efficiency. Japan-Canada Int.Workshop，10：1-13.

SMITH I，ASIZ A，DICK K，et al.，2006. Improving Design Concepts And Methods Through Field-Monitoring Of Timber Buildings[J]. World Conference on Timber Engineering，Portland，OR，8：8.

THELANDERSSON S. TimberEngineering-GeneralIntroduction[M]. TimberEngineering，1-12.

TODD J A，CRAWLEY D，GEISSLER S & LINDSEY G，2001. Comparative assessment of environmental performance tools and the role of the Green Building Challenge[J]. Building Research & Information，29（5）：324-335.

TREGENZA P R，1995. Mean daylight illuminance in rooms facingsunlit streets[J]. Building Environ，30（1）：83-89.

TSUNERSUGU Y，MIYAZAKI Y，SATO H，2007. Physiological effects in humans induced by the visual stimulation of room interiors with different wood quantities[J]. Journal of Wood Science，53（1）：11-16.

TSUNERSUGU Y，MIYAZAKI Y，SATO H，2005b. Visual effects of interior design in actual-size living rooms on physiological responses[J]. Building and Environment，40（10）：1341-1346.

TSUNERSUGU Y，MIYAZAKI Y，2005a. Measurement of absolute hemoglobin concentrations of prefrontal region by near-infrared time resolved spectroscopy : examples of experiments and prospects[J]. Journal of Physiological Anthropology and Applied Human Science, 24（4）: 469-472.

TSUNERSUGU Y, SATO H, MIYAZAKI Y, 2001. Correlation among sensory evaluation, autonomic nervous activity, and central nervous activity in visual stimulation[J]. Journal of Physiological Anthropology and Applied Human Science, 20（5）: 302.

TSUNERSUGU Y, MIYAZAKI Y, SATO H, 2002. The visual effects of wooden interiors in actual-size living rooms on the autonomic nervous activities[J]. Journal of physiological anthropology and applied human science, 21（6）: 297-300.

VAN RENTERGHEM T V, BOTTELDOOREN D, 2011. Sound reduction by vegetated roof tops（green roofs）: A measurement campaign[J]. INTER-NOISE and NOISE-CON Congress and Conference Proceedings,（3）: 3753-3756.

WANG S Y, TSAI M J, 1988. Assessment of temperature and relative humidity condition performances of interior decoration materials[J]. Journal of wood science, 44（4）: 267-274.

WAYNE B, TRUSTY, 2000. Introducing an Assessment Tool Classification System[J]. Advanced Building Newsletter, 25（7）.

WONG N H, CHEN Y, ONG C L, et al., 2003. Investigation of thermal benefits of rooftop garden in the tropical environment[J]. Building and Environment, 38 : 261-270.

YAMAGUCHI T, MIYAZAKI Y, SATO H, 2001. Effect of visual stimulation by color on sensory evaluation, central and autonomic nervous activities[J]. Journal of physiological anthropology and applied human science, 20（5）: 304.

YANG J, YU Q, GONG P, 2008. Quantifying air pollution removal by green roofs in Chicago[J]. Atmospheric Environment, 42（31）: 7266-7273.